Helmut Veil

Wasserrad, Dampfmaschine, Holzkohle, Koks und Eisen

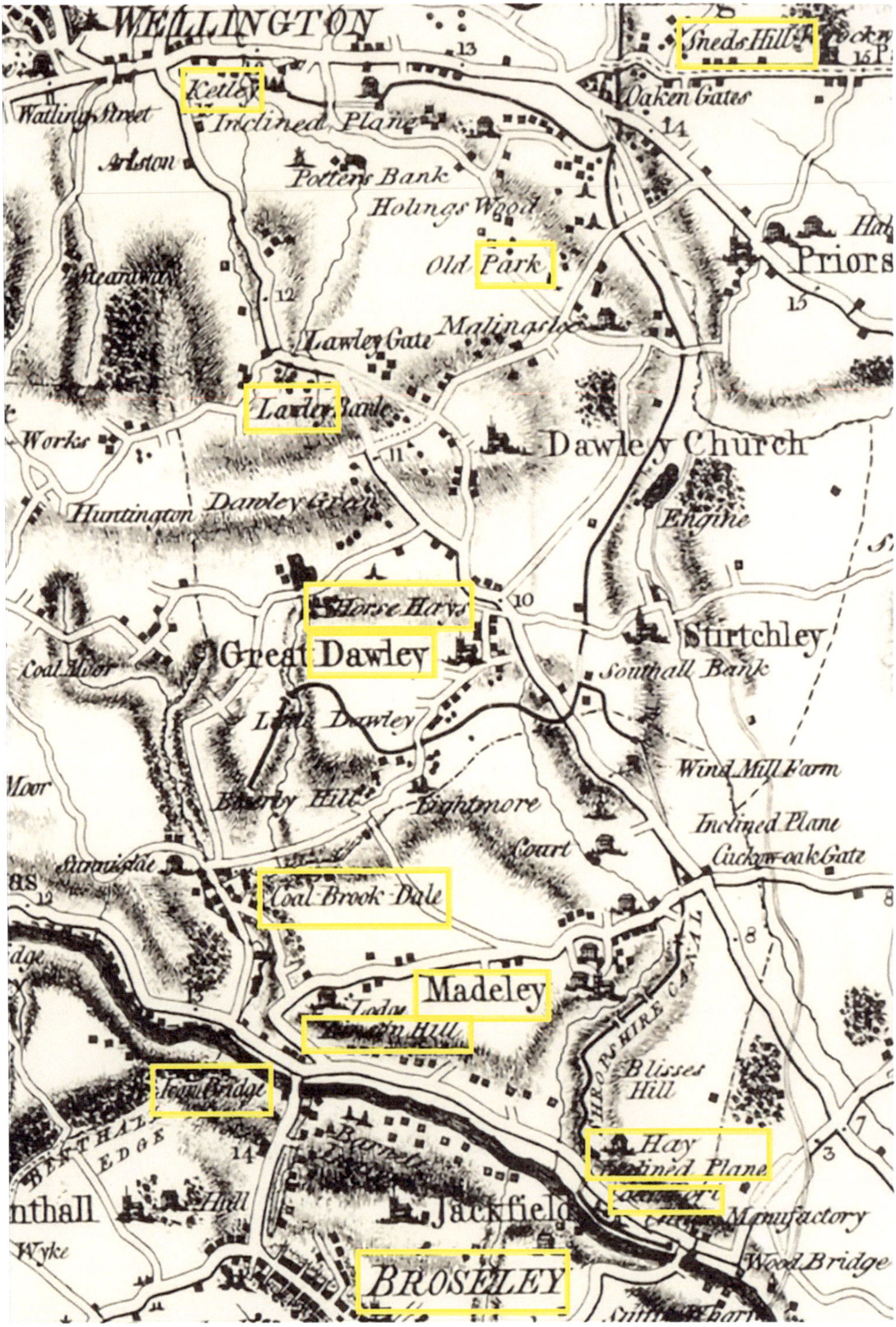

Abbildung 1: Robert Baugh's map of Shropshire, 1808. SA CM2/40 sheet 5, Ausschnitt. Orte, die in der Studie erwähnt werden, sind gelb umrandet. Um Madley liegen Coalbrookdale, Lincoln Hill und Ironbridge, in der Nähe von Broseley liegen die Hay Inclined Plane mit Coalport am Severn, nördlich von Dawley liegt Horsehay. Von Broseley nach Madeley sind es rund 3,5 km Luftlinie.

Helmut Veil

Wasserrad, Dampfmaschine, Holzkohle, Koks und Eisen

Eine Studie zur Energiewende im 18. Jahrhundert

Humanities Online

Bibliografische Information der Deutschen Nationalbibliothek
Die Deutsche Nationalbibliothek verzeichnet diese Publikation in der Deutschen Nationalbibliografie; detaillierte bibliografische Daten sind im Internet über http://dnb.ddb.de abrufbar.

Frankfurt am Main, Germany
www.humanities-online.de
info@humanities-online.de

ISBN 978-3-941743-90-8

Umschlaggestaltung: Uwe Adam | grafik-design
Titelbild:
François Vivares, Upper Works in Coalbrookdale 1758, Ausschnitt.
Library of the Ironbridge Gorge Museum Trust (IGMT collections)

Printed in Germany

Dieses Buch ist auch als E-Book (PDF) erhältlich:
www.humanities-online.de

Inhalt

Industrielle Revolution?

Es war keine Sternstunde für Historiker, als sie eine mindestens 100-jährige industrielle Entwicklung in England auf den gewaltsamen Begriff der industriellen Revolution verkürzten. Die wundersame Beschleunigung durch den schiefen Vergleich mit der Französischen Revolution produzierte Scheuklappen mit einer eingeschränkten Sicht auf die technischen Revolutionen der Dampfmaschine Watts und der Spinnmaschine Arkwrights. Wenn man diese Geschichte analytisch *erzählt* und ihre Erscheinungen nicht in einem schillernden Begriff verschwinden lässt, dann sieht man statt revolutionärer Turbulenzen Bilder aus einer langen Zeit hartnäckiger technischer Veränderungen, sozialer Verwerfungen und Landschaftszerstörungen, die sich zu einer Industrielandschaft verdichten. Die Dampfmaschine von Watt war zunächst nur ein weiteres technisches Angebot in einem seit langer Zeit etablierten industriellen Netz, in dem sie Jahrzehnte brauchte, um sich durchzusetzen. Kohleförderung und Eisenhütten waren oft schon in einer Hand, sie waren vertikal integriert, die lokalen Märkte durch raumgreifende Kanalnetze und Straßen horizontal erweitert, und es gab bereits internationale Lieferketten von Maschinenteilen und den Export von wissenschaftlicher Expertise.

Wie war es dazu gekommen? Jedenfalls nicht durch einzelne Dampfmaschinen, die schon seit Anfang des 18. Jahrhunderts in Bergwerken Wasser pumpten und Kohle förderten oder Wasser in Rückhaltebecken recycelten, um Wasserräder in verschiedenen Funktionen anzutreiben. Der Schub erfolgte durch den Verwendung von Koks in den Eisenhütten, der die seit Jahrhunderten zur Erzschmelze eingesetzte Holzkohle ablöste, mit einer Wende zur fossilen Energie in der Produktion von Guss- und Schmiedeeisen. Die naturwüchsigen Grenzen zur Produktionssteigerung in der energieintensivsten Industrie waren damit gefallen, mit langfristigen Auswirkungen weit über sie hinaus. Ihre innovative Potenz wird tief in das gewohnte Zusammenspiel der Industrien eindringen und sie für Generationen an Kohle und Eisen binden. Die zwingenden Gründe zum Umstieg auf eine neue Energiebasis mit ihrer furiosen technologischen Begleitmusik werde ich aus den Entscheidungen der Beteiligten in einem kleinen Landstrich herauslesen, die den gesamten Produktionsablaufs und die Rohstoffbeschaffung zu ändern hatten.

Es ist Coalbrookdale am River Severn in Shropshire, nicht weit von Birmingham entfernt, eine der Regionen, die sich früh im Verlauf des 18. Jahrhunderts zum Kern einer Eisenproduktion entwickelte. Coalbrookdale hatte vor der Haustür, was zur Eisenverarbeitung gebraucht wurde: Eisenerz als Eisenkarbonat, das eine höhere Schmelztemperatur als Eisenoxid (Hämatit) benötigt, Kohle für die Erzschmelze, Sand für die Formen des Eisengusses, Kalk zur leichteren Verflüssigung des Eisens, Lehm und Ton für den Bau der Öfen, die Töpfereien und für Porzellan. Es hatte Unternehmer wie die Darby-Familie, Reynolds und Wilkinson, die selbst mit ihren Hochöfen experimentierten und sich in Straßen-, Kanal- und Brückenbau – darunter die berühmte Ironbridge – engagierten. Die 15 Meilen nach Soho bei Birmingham führten durch ein nicht endendes Häusermeer mit Hüttenbetrieben. Man verarbeitete selbst stark schwefel- und phosphorhaltige Kohle zu Koks, der die Holzkohle als Reduktionsmittel für die Produktion von Eisen in den Hochöfen ersetzte und mit verbesserten Gebläsen höhere Schmelztemperaturen erzeugte. Coalbrookdale war ein lebendiges Labor der Schwerindustrie. Erstaunlich: Seine Kraftmaschinen waren Wasserräder.

Viele Versuche wurden unternommen, um die Energieeffizienz von Wasserrädern und den Ausstoß von Hochöfen zu steigern. Mit ihren technischen Voraussetzungen werde ich mich in dieser Studie beschäftigen, weil ohne sie die verschlungenen Wege einer Energiewende nicht sichtbar und verständlich gemacht werden können, wie wir es auch heute beobachten. Und ich werde nicht das wiederholen, was vielfach mit Zahlen belegt wurde: eine volkswirtschaftliche Gesamtrechnung, die den beeindruckenden Anstieg des Kohleverbrauchs und dem Ausstoß an Eisen dokumentiert hat. Eine volkswirtschaftliche Rechnung wird *post festum* aufgemacht von Leuten, die nicht direkt involviert waren, eine betriebswirtschaftliche in der Zeit des Handelns von den Beteiligten selbst. Man kann wie in einem Livestream in die Köpfe der Akteure blicken. Man sieht sie Kosten berechnen, Schwierigkeiten einkalkulieren und schließlich Änderungen auch an den Maschinen vornehmen, die sich auszahlen sollen. Kurz: Man sieht, wie und warum Entscheidungen getroffen wurden, die die technische und energetische Basis der Eisenproduktion veränderten.

Der Ingenieur John Smeaton war noch einer der wenigen Akteure, die bei ihren Vorschlägen zur Einsparung von Energie und Erhöhung des Wirkungsgrades des Kraftmaschinenparks und seiner Hochöfen die betriebswirtschaftlichen Gesamtkosten im Blick hatten. Smeaton untersuchte 1769 die vier Hochöfen in Carron ca. 30 km nordwestlich von Edinburgh. Kaum ein Element einer Kostenkalkulation fehlte. Er bestimmte das Verhältnis von Wasserverbrauch und Eisenproduktion je Ofen, den Einsatz von Arbeitskräften im Takt der Technik, den Energieaufwand nach der Qualität der Eisenerze, die konstruktiven Mängel der Wasserräder, die die Leistung minderten, und die notwendigen Investitionen zu ihrer Abhilfe. Smeaton setzte mit dieser Analyse eine Innovationsdynamik in Gang, die auch in Coalbrookdale Wirkung zeigte.

Bis Ende des 18. Jahrhunderts blieb der Wasserantrieb für Hochofengebläse und Hammerwerke eine Option bei geringen Kosten. Die Unregelmäßigkeiten der Wasserversorgung – trocken im Sommer, vereist im Winter – wurden durch den Bau von Reservoiren, aus denen Dampfmaschinen das Wasser für die Mühlräder wieder nach oben beförderten, vermindert. Das Recyclen verbrauchte nur die Kohle, die die Dampfpumpen heizten. Mit oberschlächtigen großen Wasserrädern standen sehr potente Kraftmaschinen zum Betrieb der Hochofengebläse zur Verfügung, Eisenachsen ersetzten aufquellende Holzachsen und verminderten die Reibung.

Untersuchungen über den Wirkungsgrad der eingesetzten Energie bezogen sich nicht nur auf die direkt in die Eisenproduktion involvierten Wasserräder, die Dampfmaschinen von Thomas Newcomen und die Gebläse für die Hochöfen, sondern auch auf die Erleichterung der Schwertransporte mit der Einführung von Eisenschienen und Schienenwegen im Überlandverkehr, mit der Anbindung der Hütten an ein Kanalsystem, mit schiefen Ebenen zum Transport über Steilhänge und Kanalstufen.

Es waren Maßnahmen, die hohe Investitionen erforderten und von den Unternehmern aufgebracht wurden. Der Staat finanzierte nicht, er genehmigte lediglich. Das heißt, dass sämtliche Kosten vom Bergwerk über die Hütten bis zum Verbraucher und zur betriebseigenen Landwirtschaft Bestandteil einer *betriebswirtschaftlichen* Kalkulation waren. Innovationen mussten sich für die gesamte Kette rechnen und lenkten den Blick von den Details auf fundamentale Zusammenhänge von Energieeinsatz und Produktionsausstoß. Die Kosten für Kohle waren in Coalbrookdale gering. Man holte sie aus den Abhängen und Hügeln der Umgebung und transportierte sie auf kurzen Schienenwegen zu den wasserpumpenden Newcomen-Maschinen der Schächte und der Reservoire für die Wasserräder und zu den Koks verbrennenden Hochöfen.

Die Dynamik in Richtung fossiler Energie und weg von der erneuerbaren des Wassers war schon seit einer Generation voll im Gange, als Watts Dampfmaschine die Bühne betrat. Der Wechsel von Holzkohle zu Koks in den Eisenhütten hatte die Begrenzungen durch den nachwachsenden Rohstoff niedergerissen und der Menge an Eisen jede energetische Beschränkung genommen. Die Newcomen-Dampfmaschine hatte seit Anfang des 18. Jahrhunderts die Pferdegöpel der Wasserpumpen in den Bergwerken und Eisenhütten ersetzt, seit seiner Mitte die jahreszeitliche Beschränkung der Wassermühlen in einen kontinuierlichen Wasserkreislauf überführt und den Hochöfen durch die jetzt gleichmäßig arbeitenden Gebläse die Befeuerung mit Koks ermöglicht. Die Vorteile des Transports auf Eisenschienen war wissenschaftlich bewiesen, wurde praktisch umgesetzt und brauchte nur noch auf die Dampfmaschine mit Rädern zu warten. Dreh- und Angelpunkt der Energiewende waren die Eisenhütten. Sie stellten die Investitionsmittel für den Transport und die Dampfmaschinen für den Ersatz der Wasserkraft in vielen Bereichen der Industrie bereit. Ihre Fähigkeiten bestimmten Tempo und Reichweite der industriellen Veränderungen, die die ganze Gesellschaft umkrempeln werden.

Die Verbindung von Wissenschaft und Technik nahm hier ihren Anfang. Sie ist das Fundament des industriellen Kapitalismus geblieben. Als Höhepunkt im 18. Jahrhundert gilt die Zusammenarbeit von James Watt und Joseph Black, der erkannt hatte, dass Wasserdampf mehr Energie enthält als Wasser derselben Temperatur. Bei der Kondensation wird diese Energie wieder frei – ein perfekter Kreislauf, den Watt für seine Konstruktion einer Dampfmaschine nutzte: Die Verrichtung von Arbeit durch raffinierte Ventilsteuerung in einem geschlossenen, sich selbst regulierenden Mechanismus. Der Wirkungsgrad von Kraftmaschinen wurde seit Smeaton zu einer Kenngröße bei der Konstruktion leistungsfähiger Pumpen und Gebläse, die Reduzierung des experimentell bestimmten Kraftaufwands beim Transport schwerer Güter zum Geburtshelfer für Schienenwege über den reinen Bergwerksbetrieb hinaus. Der über den Daumen gepeilten „Regierung des Feuers“ durch die Hüttenarbeiter folgte die Feinregulierung der Mengen von Koks und Eisenerz in den

Hochöfen und die laufende Messung der zur Verbrennung erforderlichen Luftzufuhr durch die Gebläse. Um die Mitte des 18. Jahrhunderts mauserte sich die Chemie zu einer ernst zu nehmenden Wissenschaft, die mit Analysen der Zusammensetzung von Erzen und Brennmaterial die Verfahrenstechnologie verfeinerte. Man muss nur ins Labor von William Lewis schauen: statt Destillierkolben eines Chemielabors Miniaturausgaben von Hochöfen zur Erzschmelze. Wissenschaftliche Expertise wurde von Unternehmern nachgefragt. Als Beispiel kann John Wilkinson gelten, der die Meinung von Lewis zum Wasserregulator seiner Gebläsen einholte.

Die entscheidende technische Neuerung der zweiten Jahrhunderthälfte waren diese Gebläse, die einen Hochofenbetrieb mit Koks erlaubten. Die massive Erhöhung des Wirkungsgrades der Wasserräder und die annähernde Verdoppelung des erbärmlichen Wirkungsgrades der Newcomen-Maschine, die in Coalbrookdale als Dampfpumpe und Gebläseantrieb noch lange nach der Einführung der Dampfmaschine Watts im Einsatz war, zeigen, welche Bedeutung ein sinnvoller und kostengünstiger Einsatz von Energie in den Überlegungen der Unternehmer gewonnen hat. Der paradoxe Effekt dieser Einsparungen: Erhöhung des Ausstoßes und noch mehr Energiekonsum, ein Muster, das uns in seiner zerstörerischen Kraft heute schmerzhaft bewusst geworden ist.

Die Energiewende des 18. Jahrhunderts ist ein Lehrstück der Energiewende mit umgekehrten Vorzeichen. Damals wurden die technologischen Voraussetzungen für eine exzessive Nutzung fossiler Brennstoffe geschaffen, heute wollen wir weg davon – eine spiegelbildliche Übergangsphase mit frappierend ähnlichen Überlegungen der Akteure. Im Zentrum stehen Kostenkalkulation, technische Schwierigkeiten, Beschaffungsprobleme von Rohstoffen und mangelnde Ausbildung des Arbeitskörpers. Die hohen Investitionen in Hochöfen, Dampfmaschinen und Transportwege müssen sich langfristig rechnen. Im Zweifel wird die eingespielte Energiebasis beibehalten und nur in kleinen Schritten angepasst.

Einige technische Schwerpunkte dieser Transformation werde ich unter dem Gesichtspunkt ihrer Energiebilanz und Leistung etwas genauer betrachten: Wasserrad, Dampfmaschine, Hochofengebläse, Zugpferd, Schiene, Kanal, Holz und Koks. Der Teufel jeder Energiewende steckt im Detail seiner technologischen Möglichkeiten. Ohne ihre Kenntnis versteht man nicht den langen Zeitraum ihrer Umsetzung, versteht nicht die Verzögerungen durch technische Defizite, durch ungeeignetes Material und durch den Mangel an Fähigkeiten in Bedienung und Unterhalt komplizierter Maschinen. Der Einstieg in fossile Energien war genau so schwierig, wie es der Ausstieg zu werden verspricht. Und er setzte die Illusion von unbegrenzt verfügbarer Energie in die Welt, deren Folgen wir heute spüren und die zu überwinden komplizierter zu werden verspricht als der Umstieg auf Erneuerbare.

François de la Rochefoucauld, ein junger französischer Adliger, war 1785 unterwegs in Coalbrookdale, einer Kernregion des Umstiegs auf Koks in den Eisenhütten. Mit seiner kenntnisreichen Reportage wird die Analyse der Energiewende von Holzkohle zu Kohle eröffnet. Das Szenarium, das de la Rochefoucauld beschreibt, enthält alle Elemente, die eine Übergangsphase kennzeichnen: die alten Wasserkraftanlagen versehen mit einzelnen neuen Tupfern von Dampfmaschinen, die Eisenschmelze mit Koks und die Verarbeitung zu Schmiedeisen mit neuen Verfahren, neuem Transport und Beschaffungsproblemen unter veränderten Bedingungen, Arbeiterschicksale und die Auswirkungen ihrer Ernährung auf die Landwirtschaft. Der junge Mann aus dem Hochadel war offen für alles, was er sah, mit einem feinen Gespür für die Brutalität der Veränderungen in ihren Auswirkungen auf Mensch und Umwelt.

François de la Rochefoucauld in Coalbrookdale

In Coalbrookdale in Shropshire, 30 Meilen südwestlich von Birmingham, tauchte im März 1785 ein 19-jähriger Sprössling des französischen Hochadels auf. François XIII., Duc de la Rochefoucauld (1765–1848) war zusammen mit seinem jüngeren Bruder Alexandre und seinem polnischstämmigen Tutor Maximilien de Lazowski seit einigen Monaten in England unterwegs, vor allem in Bury/Suffolk, 40 km östlich von Cambridge, wo sie den bekannten amerikanischen Agronomen Arthur Young kennengelernt hatten. Die beiden Jungs waren in einer opulenten Umgebung aufgewachsen. Die Ducs de la Rochefoucauld residierten in einem Palast in Paris und in dem riesigen Barockschloss von Liancourt 50 km nördlich von Paris mit ausgedehnten Ländereien, mit einer Modellfarm und einer Schule für Soldatenkinder, aus der die École nationale supérieure d'arts et métiers (Nationale Hochschule des Handwerks und der Berufe) hervorgehen sollte. Der Vater von François und Alexandre hatte sich der französischen Aufklärung verschrieben und nach Reisen in die Schweiz und nach England seine Söhne darauf vorbereitet, überall die neuesten Errungenschaften der Landwirtschaft und Industrie zu studieren, um sie in Frankreich einführen zu können. „Unschuldige Spionage" nennt der Herausgeber seiner Tagebücher diese Beschreibungen einer von Mensch und Maschinen bevölkerten Industrieregion. Seine Schilderungen haben Reportagecharakter und eignen sich nicht für einen Nachbau von Maschinen. Er war kein Spion, sondern ein

Abbildung 2: Medaillon. Miniatur von Mademoiselle Aiguillon: Bei dem Dargestellten handelt es sich sehr wahrscheinlich um François XIII. de la Rochefoucauld. Bassenge Kunstauktion 118 am 7. Dezember 2021.

aufgeweckter junger Mann mit scharfer Beobachtungsgabe, der sich für Maschinen und Produktionsabläufe interessierte und sie so schilderte, dass die auf das Tagebuch folgenden Analysen ihrer Energiebilanzen mit Bildern im Kopf gelesen werden können. Ich werde immer wieder auf seine Reportage zurückkommen. François de la Rochefoucauld beginnt in diesem Auszug aus seinem Tagebuch mit der Ironbridge von Coalbrookdale, der ersten Eisenbrücke der Welt. Er endet in Birmingham, am südlichen Rand des Gebiets, das als „black country" in die Geschichte der frühen Industrialisierung eingegangen ist.[1]

Auszug aus dem Tagebuch von François XIII., Duc de la Rochefoucauld:

„Ironbridge, Coalbrookdale, 14.–15. März 1785. Die Ironbridge über den Fluss Severn in Coalbrookdale ist ein in seiner Art einmaliges Werk: nicht nur der Bogen ist ganz aus Eisen gemacht, sondern alle Teile der Brücke und sogar die Strebepfeiler.

Da der Severn ein Fluss von einiger Größe ist, besonders in den Jahreszeiten, in denen das Wasser plötzlich steigt, muss der einzige Bogen, der ihn überspannt, groß sein: seine Höhe trägt den sehr oft unter ihr hindurchfahrenden Booten Rechnung, die Kohle zu den örtlichen Schmieden bringen.

Der Bogen ist aus fünf eisernen halbkreisförmigen Eisenbändern zusammengesetzt: sie sind 100 feet 6 inches lang und aus zwei Stücken gemacht: sie stehen auf einer großen Eisenplatte, die horizontal auf einem Bett aus hartem Sandstein sitzt, dem Widerlager der Brücke. Die beiden Stücke sind am Schlussstein des Bogens miteinander verbunden. Die fünf Kreise sind gleich, vielleicht 5 square inches im Querschnitt. Oben werden die eisernen Brückenträger von eisernen Bögen gestützt, die sich oberhalb der Schlusssteine der fünf Bögen treffen. Die Straße ist mit Klinker und Erde geschottert, und die feinen Geländer auf jeder Seite sind ebenfalls aus Eisen und so hoch, dass sich niemand darüber lehnen kann. An den beiden Stangen hängt in der Mitte jeder Balustrade eine Lampe, die manchmal angezündet wird.

Abbildung 3: William Williams (1727–1791). Ironbridge 1790. Öl auf Leinwand 88,65 x 103,3 cm. Ironbridge Gorge Museum.

Die Brücke ist 24 Fuß lang und über dem Niveau des Fundaments 40 Fuß hoch: ich kann das Niveau des Wassers nicht bestimmen, da es so oft schwankt.

Da die fünf langen Bögen aus Eisen, die die Brückenträger stützen, nicht stark genug wären, wenn sie nur als Pfeiler senkrecht vom waagrechten Fundament mit einer zu langen Unterlage aufstiegen, würden sie sich unweigerlich verbiegen und vielleicht brechen.; es war notwendig, zwei weitere konzentrische Kreise aus eisernen Ringen hinzuzufügen, die vom Fundament aufsteigen, um an zwei dazwischen liegenden Punkten etwas von der Spannung zu nehmen.

Diese beiden Bögen, die ich als untergeordnet ansehe, sind alle aus einem Stück gemacht. Sie sind alle mit dem führenden Bogen durch vielleicht vier Fuß lange Arme verbunden.

Man kann sehen, dass die ganze Brücke sehr schlicht gemacht ist; nichts wurde zur Verschönerung hinzugefügt, und sie ist edel und ansehnlich. 756 000 pounds Eisen (ca. 343 Tonnen. H.V.) wurden verbraucht; für jeden der fünf Bögen 10 000 pounds. Die Brücke wurde in drei Monaten einschließlich Fundament errichtet ohne dass ein einziger Bauarbeiter verletzt wurde, und ohne irgendeine Komponente, die nachgebessert werden musste.

Sie wurde 1779 begonnen und 1780 fertiggestellt, ohne dass die Schifffahrt auch nur einen Augenblick behindert wurde. Ich glaube, dass es notwendig war, die Messungen einige Male zu wiederholen bevor die Gussformen gemacht wurden.

Diese einzigartige Brücke – denn weder die Alten noch die Modernen haben jemals eine ganz aus Eisen gemacht – wurde durch Subskription gebaut. Der Promoter, Mr. Darby, ein junger Mann, der zusammen mit seinen Teilhabern eine große Anzahl von Eisenwerken in diesem Distrikt betreibt, unternahm die Arbeit für 3000 Pfund Sterling, die ihm von 50 Personen mit der Spekulation auf das Recht auf die Erhebung von Zöllen mit einer dicken Verzinsung auf ihren Vorschuss gezahlt wurden. Sie erhielten einen Act of Parliament, diese Brücke zu bauen und den Brückenzoll zu erheben. Sie benötigten 60 Subskriptionen a 50 Pfund Sterling, und keinem waren mehr als acht Anteile erlaubt. Mr. Darby und seine Freunde erwarben eine große Anzahl in der Erwartung, ein großes Vermögen zu machen; und sie mussten sehen, dass sie eine Menge Geld verloren hatten. Der Bau der Brücke kostete mehr als 3000 Pfund, und die Verzinsung des Geldes war gering, so dass Mr. Darby kurz vor dem Bankrott stand.

Während wir die Brücke bewunderten, ihre Leichtigkeit und das Edle ihrer Konstruktion, kamen zwei Männer hoch, die wie zwei Vorarbeiter aussahen und bereit waren, auf viele unserer Fragen zu antworten; und als wir zu erkennen gaben, dass wir mit der Idee gekommen waren, die Verfahren der Gießereien zu sehen, von denen diese Gegend so voll war, schlug einer von ihnen vor, uns zu begleiten, und nach dem Essen zu kommen und uns mitzunehmen.

Wir kehrten zu unserer Gasstätte zurück, ohne Zeit zu verlieren. Es ist ein kleines Gebäude, neu erbaut, am Ende der Brücke. Es ist peinlich sauber und sehr gut, obwohl Coalbrookdale nur ein Dorf ist; aber ich nehme an, dass die Leute, die aus Neugier die Brücke sehen wollen, ihnen oft Kundschaft bringen.

Wir waren gerade mit dem Essen fertig als unser Mann ankam: Er scheint wunderbar rechtschaffen und für einen Arbeitsmann intelligent zu sein. Wir gingen zuerst zur Gießerei, in der die Ironbridge gemacht worden war.

Dort fließt der Severn durch eine tiefe Schlucht, die Hügel an beiden Ufern sind erstaunlich hoch und bis zum Gipfel bewaldet. Sie liefern das Eisenerz, den Kalkstein und die Kohle, drei sehr wertvolle Dinge werden zusammen gefunden. Der Hügel nach Norden liefert sowohl das meiste als auch das beste Erz, Kalkstein gibt es dort in großen Mengen, die verschiedenen Falten dieser Hügelkämme sind mit Schmieden und Öfen bedeckt.

Der erste Mann, mit dem wir sprachen, hatte zuerst für die Ironbridge gearbeitet: Er hatte von ihr ein Modell aus Mahagoni gemacht, das er uns zeigte. Weil er uns nicht begleiten konnte, besorgte er uns nach einer kurzen Unterhaltung einen Aufsichtsführer, der uns die Arbeitsweise einer Gießerei erklären konnte.

Das Erz, das aus dem Hügel gefördert wird, ist auschließlich Eisenstein. Es variiert in Menge und Reichhaltigkeit. Zum Gießen mischen sie verschiedene Qualitäten, um das Eisen weich und leichter schmelzbar zu machen.

Die erste Prozedur besteht darin, den in kleine Stücke zerbrochenen Eisenstein mit Kohle zu mischen und anzuzünden, um ihn ein bisschen zu kalzinieren (oxidieren. H.V.) und dadurch die eisenhaltigen Teile zu erschließen. Das Feuer rötet sie. Sie brennen ungefähr sechs Stunden.

Die Kohle wird ebenfalls sechs Stunden unter freiem Himmel gebrannt: sie wird in große Haufen Stroh und Baumrinde geworfen und angezündet: die Kohle verliert ihre überflüssigen Bestandteile und etwas vom Schwefel, den sie enthält.

Nach diesen Vorbereitungen wird der Hochofen mit gereinigter Kohle (das ist Koks, H. V.), geförderter Kohle und Kalkstein gefüllt, um die Verflüssigung zu unterstützen. Der Anteil an den drei Zutaten hängt von der Qualität des gelieferten Eisens ab, und vom eingesetzten Erz. So besteht die Geschicklichkeit des Schmelzers in der richtigen Balance.

Der Ofen ist so gebaut, dass er die Hitze zurückstrahlt und die alle Seiten des Ofens bedeckende Flamme die Schmelze schneller in Gang setzt: sie wird dauernd durch zwei große, von einer Dampfpumpe betriebenen Gebläse geschürt: es gibt eine große Anzahl von ihnen in diesen Werkstätten. Die Gebläse sind wie eiserne Fässer gemacht: das Auf und Ab der Kolben treibt die Luft heraus und komprimiert sie: der Zug ist so stark, dass, wenn man seine Hand vor den Mund des Gebläses hält, sie sofort weggeblasen wird. In Frankreich werden die Gebläse von Rädern angetrieben: sie produzieren keinen großen Windstoß, auch ist er nicht kontinuierlich.

So wie die Anteile von Kalkstein, Kohle und Eisen der Körbe aus den Minen je nach Qualität und dem Eisen, das man erhalten will, variieren, wird auch die Dauer des Schmelzvorgangs variieren. Jedenfalls bringen sie im Allgemeinen 8 Körbe mit Eisenstein, 5 mit Kohle und 3 mit Kalk, der beim Guss hilft, das Eisen zu trennen. Ich kann mir keine Vorstellung vom Gewicht der Körbe machen: sie sind alle gleich groß, aber sie müssen sich deutlich im Gewicht unterscheiden.

Im Allgemeinen dauert die Schmelze sechzehn Stunden: manchmal, wenn die Gebläse perfekt arbeiten, ist es möglich, den Prozess des Gießens zwei Mal in 24 Stunden durchzuführen, aber das ist selten.

Der Guss wird genau so gemacht, wie ich es in Frankreich gesehen habe. Der Sand, der für die Formen gebraucht wird, kommt aus der 2 oder 3 Meilen entfernten Umgebung: er ist überaus fein. Ich war höchst erfreut, das Wogen dieses geschmolzenen Eisens zu sehen: was für ein großartiger Anblick! Ein Strom von rotem, brennenden Metall, kochend und alle diese Formen füllend, die davor gestellt waren: all die Arbeiter mit eisernen Geräten, die sie schwitzend, angestrengt handhaben: das Flackern des Lichts in der ganzen Werkstatt: was für ein Spektakel!

Das Eisen wird in *saumons* (Lachse), die sie „pigs“ nennen, gekühlt: sie sind dreieckig und drei Fuß lang (sie sind angeordnet wie die saugenden Ferkel an einer Sau. Pig iron ist Roheisen. H. V.).

Sie werden zurück in eine Schmiede gebracht, die kontinuierlich von zwei Gebläsen angefacht wird; manchmal wird der Wind in eisernen Rohren aus denen weiter geleitet, die in der Gießerei blasen. Das Feuer ist so heftig, dass das Metall nahezu schmilzt oder sich wenigstens mit der Kohle vermengt; der Schmied holt es mit Zangen in Stücken heraus und legt es auf einen Amboss in Gestalt eines Trogs, wo es mit einem riesigen Hammer geschlagen und weich geklopft und gefrischt wird.

Der Hammer wird von einem Wasserrad mit außergewöhnlicher Kraft und Geschwindigkeit angetrieben. Der Mechanismus ist einfach. Das Wasserrad dreht die Achse eines massiven Rades mit Nocken von kleinem Durchmesser. Wenn sie den Hammer treffen, heben sie ihn an, und er fällt, bis die nächste Nocke ihn wieder anhebt. Nachdem das Eisen auf diese Weise geschlagen wurde, wird es auf eine Seite zum Kühlen geworfen. Dann zerbricht ein Arbeiter mit einem großen Hammer diese Art Platten, die sich gebildet haben: er zerbricht sie in kleine Stücke. Frauen füllen sie in Töpfe so, dass zwischen jeder Lage der eisernen Platten kein Platz verloren geht: einen füllen sie mit lauter in kleine Stücken zerbrochener Kohle. Diese Töpfe werden in der Nachbarschaft gemacht: sie kosten jeder einen englischen sol (two sols)[2]: jede Art von Lehm, der zusammenbackt, ist dazu geeignet: sie sind ungefähr einen Fuß hoch und 10 inches im Durchmesser.[3]

Sind die Töpfe gefüllt, werden sie der Reihe nach in einen Flammofen gestellt, in dem das Feuer mit vollem Gebläse aufgeheizt worden ist: zwanzig gehen üblicherweise auf einmal hinein: sie bleiben dort zweieinhalb Stunden, während die Wirkung des Feuers das Eisen bis zum Schmelzpunkt erhitzt, wenngleich es die ganze Zeit fest geblieben ist. Die Kohle war vollkommen verschwunden: ebenso die Töpfe.

Der Arbeiter inspiziert sie ab und zu, um zu sehen, ob das Eisen fertig ist; seine Beurteilung ist das einzige Gesetz. Wenn es soweit ist, nimmt er eine lange Schaufel und bewegt das Eisen (das die Gestalt des Topfes beibehalten hat) an den äußersten Rand des Ofens. Dort packt sie ein anderer Arbeiter mit großen Zangen und lässt sie auf eine vorgesehene

Eisenplatte fallen. Das macht einen Lärm wie Kanonenfeuer. Dann zieht er sie, immer noch mit derselben Zange, zu einem anderen Arbeitsplatz in der Nähe, wirft sie auf einen Amboss, und ein Hammer, sogar größer als der erste, schlägt es, um es zu komprimieren: es ruht auf einem eisernen Balken, der bereits gemacht worden war, um die Arbeit zu erleichtern, und unter diesem großen Hammer nimmt das Eisen, das in der Form eines Topfes ankam, in dem es gebacken worden war, die Form einer geraden ungefähr zehn Fuß langen Stange an. Die Stange wird allmählich abgekühlt. Das ist der Zustand, in dem es meist verkauft wird, entweder für den Export oder für Händler in Birmingham, um es in Stahl zu verwandeln.

Manchmal jedoch machen sie Dampfpumpen oder Kaminteile, Flacheisen oder Granaten, Kanonenkugeln, usw. usw. Sie modellieren und sie gießen sie: so wird es gemacht. Wenn es irgendetwas gibt, das jemand gegossen haben will, dann braucht man dazu ein exaktes Modell gleicher Größe und Proportionen. Es wird in einen mit gut geschlagenem und gepresstem Sand gefüllten Rahmen gesetzt. Diese Form wird aus zwei Stücken gemacht. Das Modell wird in den Sand gepresst: die Form wird geöffnet, das Modell entfernt, und der Raum für das verlangte Stück bleibt leer zurück.

Es gibt einen Raum für einen kleinen Abfluss, manchmal mehrere, je nach der Größe des Stücks, der durch die Form führt, so dass das Eisen ausfließen kann. Der Sand ist so fest, dass er durch den Kontakt mit dem Gusseisen nicht versetzt wird: das Ergebnis in Metall ist exakt die Gestalt, die man mit dem hölzernen Modell hatte.

Die Modelle der Kaminstücke sind aus Holz, die oben angebrachten Blumenornamente in Kupfer. Man sieht, wie schnell alle diese vielen Verfahren ablaufen.

Die Dampfpumpen und Abflussrohre zu modellieren ist eine längere und schwierigere Operation: die Modelle werden mit gewissenhafter Genauigkeit gemacht, und da einige Stücke groß sind, sind sie schwierig zu formen. Die besten Arbeiter werden dafür eingesetzt: die Schwierigkeit beginnt beim Zusammensetzen, wenn sie fertig sind. Sie arbeiten jedoch mit einer solchen Präzision, dass sie sogar die großen Zahnräder gießen, mit Zähnen, die genau in die Zähne eines weiteren Rades passen, das gleichzeitig gemacht wurde, und es gibt niemals eine Knappheit an solchen Produkten. Wenn sie dem Gusseisen die gute schwarze Farbe geben wollen, die es vor Rost schützt, werfen sie in den Sand der Form sehr fein gepuderte Holzkohle. Wir sahen mehrere Dampfröhren von bemerkenswerter Größe, die sie kürzlich produziert hatten. Wir bewunderten sie als Dinge, die in unserem Land einfach unbekannt sind: sie lächelten, und als ich sie fragte, welches Stück sie am schwierigsten zu gießen fanden, antworteten sie, dass nichts, was sie taten, schwierig war.

Ist es für uns nicht beschämend, dass wir nicht Gleiches in irgendeiner Gießerei in Frankreich machen können und dass die Herren Periers in Paris gezwungen waren, dorthin alle Teile aus diesem Land zu bringen? Sie waren in Coalbrookdale gegossen worden.[4]

Ich habe gesagt, dass alle notwendigen Räder für die Eisenverarbeitung Wasserräder sind; ich muss hier bemerken, wie gut sie das Wasser durch größere Räder mit kleinen Kanistern steuern, die nicht das Gewicht eines einzigen Tropfens Wasser verlieren.[5] Hinzuzufügen ist, dass dieselbe Kompanie, die die Schmieden betreibt, das Wasser, das die ersten Gefälle antreibt, in Gerüsten über die beiden anderen führt und in dem Augenblick, in dem es so aussieht, als sei es verloren, es eine Dampf-Pumpe gibt, die es dorthin zurück bringt, wo es hergekommen war, so dass die drei Schmieden in all den 20 Jahren seit sie errichtet wurden vom gleichen Wasser gespeist wurden, wenn man von dem Wasserverlust durch Verdunstung absieht.

Brosely: Mr. Wikinsons Werk

Nach einem in Eile eingenommen Essen verbrachten wir die ganze Zeit beim Besuch der Eisenhütten, und am nächsten Tag (15.) verließen wir unser Gasthaus, um zu Mr. Wilkinsons Haus zu gehen, der am anderen Ende des Dorfes wohnt. Wir hatten einen Brief für ihn. Mr. Wilkinson ist einer der größten Eisenhüttenbesitzer der Welt. Er war es, der die Kunst, Kanonen zu bohren, erfand, die bisher zusammen mit dem Lauf gegossen wurden. Er errichtete in der Nähe von Nantes die Bohr-Mühle, die ich in meinen Tagebüchern der Reisen in Frankreich erwähnt habe; er war es, der eine Dampf-Pumpe nach Paris verkaufte, tatsächlich noch mehrere andere, und der immer noch täglich einige tausend mechanische Teile schickt, die wir nicht gießen können. Er hat einen großen Reichtum

Abbildung 4: Eisenhütte für den Kanonenguss und eine Bohrmühle am Severn. Blick vom Madeley-Ufer auf die Calcutts Ironworks, zwei Kilometer nördlich von Broseley. Stich von Lowry nach George Robertson 1788. Jeremy Norman Collection of Images – Creative Commons.

angesammelt, das meiste durch Genialität. Uns wurde versichert, dass er manchmal nicht nur Teile für den Export nach Frankreich gießt, er macht es in allen seinen Schmieden – eine riesige Zahl – und sogar in allen Schmieden von Coalbrookdale. Ich nehme an, dass er jeden Tag ungefähr zehntausend Arbeiter beschäftigt. Man kann daraus schließen, wie viele Geschäfte er mit fremden Ländern abwickelt!

Wir trafen Mr. Wilkinson nicht: er war mit einer schweren Erkältung im Bett, die er sich in London zugezogen hatte. Er las den Brief, den wir ihm gebracht hatten, und schickte uns zu den nächsten Eisenhütten, wo sein Agent uns alles zeigte, was sie taten. Es sind sehr feine Hütten und passend in dem Sinn, dass alle Werkstätten, die Feuer einsetzen, zusammen sind: sie sind alle um einen großen leeren Raum angeordnet, in den Pferde die Kohle bringen und alles sonst Notwendige: es ist alles unter einem Dach.

Da die Verfahren dieselben sind, die ich beschrieben habe, möchte ich mich nicht wiederholen, sondern nur berichten, was verschieden ist. Hier nur, dass die vielen Räder in der Schmiede einfach durch Regenwasser gedreht werden: es wird in einem großen Teich oder einer Rohrleitung gesammelt, die nach Bedarf geöffnet oder geschlossen werden können. Die Leitung ist nahe an einer sehr großen Dampf-Maschine, die das Wasser anhebt und unter die Räder führt;[6] und hier sieht man die Verbindung mehrerer Leitungen (alle aus Gusseisen), die Wasser zu den Rädern führen, die für die Schmiede arbeiten. Das Wasser wird sehr ökonomisch verteilt. Wenn es nach unten fällt, führte es ein Gefälle zur Pumpe, die es recycelt: zusätzliches Wasser, das von der Rohrleitung zurückbewegt werden muss, ist zu vernachlässigen.

Eine zweite von Mr. Wilkinsons Erfindungen, nicht weniger nützlich, ist ein Gebläse, das alleine alle Werkstätten der Schmiede versorgt: es wird von einer Dampf-Maschine betrieben: aber mit dem Unterschied, dass es hier nur ein einziges großes eisernes Fass gibt, und ein doppeltes Ventil. Der Wind wird in einen weiten gegossenen Tubus geblasen, nicht sehr lang, der ihn in ein Wasserreservoir leitet :in der Mitte ist eine Art Tank aus Ziegelstein, in den das Wasser eintreten kann. Zwischen der eingebrachten Luft und dem Wasser stellt sich ein Gleichgewicht ein ohne dass etwas verloren geht. Im Ergebnis verteilen einige gegossene Rohre, die sich hier treffen, den Wind-Strom in alle Teile der Eisenhütte, immer gleich und kontinuierlich, weil das unterbrochene Blasen der Gebläse vom Wasser abgekürzt und geglättet und so die Druckwelle verstetigt und gestärkt wird. Es ist die denkbar beste Art Gebläse, wie uns versichert wurde.

Der Agent erzählt mir, dass Mr. Wilkinson allein in dieser Schmiede 200–300 Arbeiter beschäftigt. Er hat viele weitere in Coalbrookdale und in der Nachbarschaft, und sogar in anderen Teilen Englands. Er erzählte mir, er denke, dass Mr. Wilkinson zweitausend Männer beschäftigt. Sie verdienen mehr oder weniger je nach ihrer Arbeit, aber grob gerechnet verdienen sie 2 shillings oder 2 shillings und 6 pence am Tag. Jeden Tag haben sie drei Stunden zu arbeiten, dann drei Stunden zu schlafen und so weiter, ihr ganzes Leben, außer sonntags. Sie leben kaum bis ins hohe Alter: sie essen und vertrinken alles, was sie verdienen, und sind an allen Tage elend. Uns wurde erzählt, dass nicht einer unter hundert irgendetwas für sein Alter zurücklegt. Das liegt sowohl daran, dass sie hart arbeiten und gut essen müssen, als auch daran, dass sie nicht daran glauben, alt zu werden. Sie haben das beste Essen, das das Land zu bieten hat, und essen niemals Fleisch minderer Qualität.

Während ich sie arbeiten sah, habe ich oft darüber nachgedacht, wie ich es schon oft vorher getan habe: wie glücklich bin ich, in eine Position hineingeboren zu sein, in der ich nicht arbeiten muss, um zu leben; und wie unglücklich ich wäre, wenn ich so hart wie ich könnte drei Stunden zu arbeiten hätte, dann genau so lang zu schlafen, und kaum die Augen geschlossen, mich wieder abzurackern. Was für ein elendes Schicksal! Was für ein Preis für unseren Luxus!

Das Erz wird ganz in der Nähe der Hütten gefunden: es wird in Loren mit vier schmalen Eisenrädern gebracht, die für diesen Zweck gemacht wurden, und, um sie leichter ziehen zu können, auf Geleise gesetzt werden, über die zwei parallele Eisenschienen gelegt werden, auf denen die Räder entlang rollen. Diese Art Schienen machen sich selbst unentbehrlich: unser Arbeiter schätzte, dass Mr. Wilkinson davon ungefähr 12 Meilen in Gebrauch hatte, und er versicherte uns, dass es davon im ganzen Land mehr als hundert gäbe.

Der Agent erzählte uns, dass in Coalbrookdale pro Jahr ungefähr vierzig Dampf-Maschinen gemacht werden, die meisten für die Engländer, aber einige für den Export: von diesen vierzig machte Mr. Wilkinson ungefähr achtzehn.

Nach dem Verlassen der Hütte gingen wir zu einer anderen, die nicht demselben Hüttenbetreiber gehörte, und wo sie nur mit Eisen aus Cumberland arbeiteten. Das Erz kommt in sehr kleinen Steinen gebrochen in Booten an: es ist blut-rot: es wird mit Holkohle und ganz wenig Kalkstein geschmolzen. Sie schmelzen zwei Mal in 24 Stunden. Sie fanden es sehr profitabel, weil es sich leichter verflüssigte, und sie brauchen weniger Kohle und weniger Holzkohle.[7]

Der Rest unseres Tages war nicht so gut genutzt: wir wollten Pech sehen, das mit dem Rauch von Kohle gemacht wurde. Wir setzten über das Wasser zur einzigen Einrichtung des Geschäfts, da alle anderen, die damit begonnen haben, gescheitert sind. Die Hersteller machen nicht genügend Profit, und diese versicherten uns, dass sie Geld verlören und dass sie wahrscheinlich bald aufgeben würden.

Acht oder zehn Öfen in einer Reihe sind entzündet, die Luft kann nur durch ein schmales Loch eintreten, das die Wirkung eines Blasebalgs hat, und eine große Menge Rauch zieht in einen Gang, der als Speicher dient. Von dort wird er durch ein dünnes Rohr in eine aus Stein gebaute, mit einer bleigefassten Abdeckung versehene Zisterne geleitet, in der der kondensierende Rauch eine schwarze feuchte Substanz produziert. Wenn der Rauch gänzlich verschwunden ist, nimmt der Arbeiter etwas von dem flüssigen Stoff und schüttet ihn in Tonnen, wo er sich absetzt. Zwei Drittel sind Teer, eine Art entflammbares Wasser, wie Spiritus. Das letzte Stadium ist das Einkochen des sehr dicken Materials, das zu einem excellenten Teer wird.

In der Nähe von Coalbrookdale gibt es einige Zinn-Minen, die profitabel sind: der Zinn wird in der Gegend nicht aufbereitet.

Es gibt einen Überfluss an Kohle-Minen, die Kohle ist gut und wird in großen Luppen[8] gefördert. Einige Minen sind schon erschöpft; andere erreichen eine gewaltige Tiefe; wieder andere sind an den Abhängen des Flusses, und ihre Gänge verlassen die Flussufer waagrecht und setzen sich nach kurzer Strecke im Untergrund in eine große Tiefe fort: dort sieht man oft von drei Pferden gezogene, speziell gebaute Munitionswagen, und die Männer, die sie führen mit kleinen Kerzen an ihren Hüten. Unfälle in den Minen sind sehr häufig: in ihnen arbeiten oft sehr arme Leute, die, um sich Mühen zu ersparen, keine tongebenden Stützen einziehen, und der Gang kollabiert.

Ich habe erklärt, dass die Eigentümer der Ländereien in England die Eigentümer dessen sind, was unter der Erde ist. Diese reichlich produktiven Hügel gehören Gentlemen, an die die Schmiedeunternehmen für Schürfrechte so viel bezahlen: Diese Summe übersteigt nicht 60 guineas für den gesamten Berghang.

Der gewaltige Fleischverbrauch der Arbeitsleute ist ein großer Vorteil für die Landwirtschaft der Gegend. Die Ländereien am Grund sind eingezäunt und sind Weiden. Ein bisschen höher sind die Länder nicht so sehr eingezäunt, und es wächst mehr Getreide und Rüben, mit denen sie das Vieh ernähren und mästen. Der Preis für das Land beträgt im Durchschnitt 35 shillings pro acre.[9] Die Bauern sind sehr darauf bedacht, das Vieh sorgfältig zu mästen, um gutes Fleisch zu produzieren, weil die Arbeiter, die eine große Menge davon essen, es nicht mehr haben wollten, wenn es nicht das bestmögliche wäre. Jeder, der acht oder zehn Tage in Coalbrookdale verweilt, würde sicherlich eine Menge Dinge finden, die es wert wären, zu untersuchen, besonders wenn er gut über Naturgeschichte informiert wäre, Chemie oder Musik. Für uns, die wir nichts über solche Dinge wissen, könnten wir all das mit der Freude betrachten, die die Kunstfertigkeiten dem Beobachter bieten; und da wir nach zwei Tagen dachten, wir hätten alles gesehen, was wir konnten, machten wir uns nach Birmingham auf,

Als wir aufbrachen (16. März), schaute ich wieder auf die Ironbridge. Ihre Eleganz und Schlichtheit machten mir ausnehmende Freude.

Wir stiegen einen sehr steilen Hügel hinauf, den abwärts eine große Menge Kohle aus zwei bis drei Meilen entfernten Minen transportiert wurde, und die Straßen waren furchterregend. Kurz danach nahmen wir die Zollstraße, aber waren nicht besser dran: wir zahlten mehr, aber hatten genau so schlechte Straßen. Wir erreichten

Wolverhampton, Mittwoch 16. März 1785

Es ist eine ziemlich große Stadt auf einem Hügel, die Straßen gut gepflastert und die Häuser gut gebaut: alles in allem keine schlechte Stadt. Seine Population ist riesig: sie schätzen zehn- bis zwölftausend Menschen. Sie machen eine große Menge stählerne Objekte, aber das meiste sind Geräte für die Landwirtschaft: sehr wenige knifflige Dinge.

Alles was hier hergestellt wird, wird als Stahl-Ware aus Birmingham verkauft, denn sie ist weit davon entfernt, in der Stadt hergestellt zu werden, diese Manufaktur dehnt sich beinahe zwanzig Meilen in den benachbarten Landstrich aus.

Wir waren an einem Markttag in Wolverhampton. Ich muss sagen, er war eher eine Messe als ein Markt. Der Marktplatz war voller Leute, die Straßen waren voll, man konnte nirgendwo spazierengehen, und das Durcheinander dauerte den ganzen Tag: sie verkauften jede Art Produkte und Vieh.

Unsere Idee, via Wolverhampton nach Birmingham zu gehen, war es, die Eisenhütten, die Mr. Wilkinson gehören, zu sehen; obwohl es sich herausstellte, die kürzere Strecke zu sein, hätten wir keine andere genommen.

17. März 1785

Wir brachen am 17. vor dem Mittagessen auf und gingen drei Meilen auf der Straße nach Birmingham zu den Eisenhütten. Zu unserer Enttäuschung arbeitete der Ofen nicht. Wir fanden Mr. Wilkinsons Agenten, der uns mitteilte, dass eine der Komponenten der Dampf-Pumpe gebrochen war: sie hatten die Arbeit einzustellen. Wir konnten nur die Mühle sehen.

Die Maschine ist bemerkenswert, weil sie dort arbeitet, wo es absolut keine natürliche Wasser-Versorgung gibt: die Hämmer und Gebläse müssen ausschließlich von der Dampf-Pumpe betrieben werden. Gebläse von einer Dampf-Pumpe zu betreiben, ist ein Prozess, den ich beschrieben habe und gut kenne, aber keine einzige vorher hat die Hämmer ohne jedes Wasser betrieben. Diese Entdeckung gehört gänzlich Mr. Wilkinson, und sie ist umso nützlicher, weil man in trockenen Ländern sonst niemals Eisen gewinnen und gießen könnte, da die Kosten für den Transport zu groß wären.

Die Mechanik der Maschine ist einfach, aber aus Gründen des ökonomischen Einsatzes der Teile und der Räder; je unmittelbarer die Kraft angewendet wird, desto weniger Widerstand wird geboten. Sie sind meistens aus Gusseisen, jedes der Zahnräder ist aus einem Stück gegossen. Die enorme Antriebsachse besteht ebenfalls aus Eisen, wie auch das Schwung-Rad,[10] ein Rad mit einem Durchmesser von 20 Fuß, das ein Gewicht gleich dem aller Teile haben muss, da es nur dazu dient, die Kraftwirkung durch sein Gewicht zu erhöhen.

Die Dampf-Pumpe ist sehr groß, die Luft wird stark verdünnt, um ihrer Aktion Kraft hinzufügen, der Kolben ist ungefähr fünf Fuß lang. Am Schwung-Rad ist kein weiterer Kolben angebracht, um eine Pumpe zu betreiben, sondern ein langer eiserner Waagebalken, der an seinem anderen Ende ein eisernes Zahnrad[11] trägt. Dieses Zahnrad geht, wie man sich vorstellen kann, auf und nieder, aber seine Zähne greifen in die langen Eisenzähne eines Rades, so dass an Stelle einer einfachen vertikalen

Bewegung das Zahnrad eine leichte Drehung macht und das Schwung-Rad zurückfällt, die Bewegung beginnt von Neuem.

An dieses Rad, das vom Zahnrad bewegt wird, ist eine Welle angebracht, die am anderen Ende ein massives Rad mit vier Kämmen trägt, mit denen sie den großen Hammer anheben, der das Eisen schlägt.

Die Antriebsachse, die ich erwähnt habe, ist sehr groß, gut drei Fuß im Durchmesser, und aus festem Eisen. Eine andere Dampf-Pumpe betreibt die Gebläse, obwohl es für eine möglich wäre, die zwei Hämmer und die Gebläse zu bedienen. Aber sie finden es passender, die beiden Werkstätten getrennt zu halten.
Beinahe das gesamte Eisen, das in dieser Schmiede gemacht wird, wird auf einem Kanal nach Birmingham verschifft, um es in Stahl zu verwandeln.

Der Agent zeigte uns zwei Schächte, die zu einer von Mr. Wilkinsons Kohleminen hinabführen; es geht beinahe 300 Fuß nach unten, und da gibt es ein und dieselbe Dampf-Pumpe, die die mit Kohle gefüllten Körbe senkt und hebt, und auch das ganze Wasser der Mine extrahiert – eine doppelte Operation, die eine große Ersparnis bedeutet.

In der Nähe der Kohlemine ist eine von Mr. Wilkinsons Einrichtungen noch nicht fertiggestellt: sie besteht aus einer Dampf-Pumpe von riesiger Größe, die alleine vier Hämmer, zwei Gebläse und zwei Frischöfen betreiben wird: die Kraft, Präzision und das Ausmaß dieser Maschinerie ist erstaunlich. Alles wird aus Gusseisen von Mr. Wilkinson gemacht. Ich fragte den Agenten, wieviel Pfund Eisen in dieser Maschine stecken: er wusste es nicht, aber ich nehme an, sie müsste mehrere tausend Pfund wiegen.

Alle diese Maschinen sind unter demselben Dach, das wie das Dach eines Schuppens ist. Der Hauptpfeiler, der das meiste der Holzkonstruktion stützt, ist eine Eisensäule. Es wurde uns versichert, dass die ganze Maschine in einem Monat fertig sein werde. Ich bezweifle das, da noch viele Teile zu machen sind.

Es ist äußerst günstig für Mr. Wilkinson, dass zwei Kanäle ganz in der Nähe vorbeiführen, je einer auf den beiden Seiten seiner Betriebe: die Fracht seiner Güter kostet nicht sehr viel.

In der ganzen Nachbarschaft wird eine große Anzahl Nägel hergestellt und nach Amerika verschickt. In dieser besonderen Zeit ist die Nachfrage viel größer als ihr entsprochen werden kann. Ich habe nie gesehen wie sie gemacht werden. Den Prozess zu beobachten wäre unterhaltsam. Die meisten werden von Frauen gemacht, die vielleicht tauglicher und geschickter sind als Männer. Das Eisen muss in dünne Stäbe gesplittet werden, an deren einem Ende zwei oder drei inches rotglühend heiß gemacht werden. Dann machen sie, mit dem Stab in der linken Hand, mit dem Hammer einen Punkt auf einem Amboss, der so gestaltet ist, dass da ein kleiner Schlitz ist, über den das gepunktete Ende gelegt wird: ein kräftiger Schlag mit dem Hammer schneidet den Nagel zur gewünschten Länge. Er wird mit dem stumpfen Ende nach oben in eine Form gegeben: ein Hammer macht daraus den Nagelkopf. Die Form ist nichts anderes als Stück Eisen mit einem Loch in der Größe des Nagels. Die Frauen produzieren im allgemeinen zweitausend am Tag und verdienen 1 shilling. Die kleinsten Nägel sind die schwierigsten.

Den Kanal entlang folgten wir einen kurzen Weg zurück zum Dorf, wo wir unsere Pferde zurückgelassen hatten, wir sahen einige Brennöfen aus Ziegelstein: einen für eine Töpferei und einen für Porzellan. Das ganze Land ist ungewöhnlich betriebsam. Die Brennöfen sind an ihrer konischen Form zu erkennen, sechzig oder achtzig Fuß hoch, ganz aus Ziegelstein, kein Platz für Holz. Diese Gestalt wie eine zugespitzte Kopfbedeckung ist Teil einer riesigen Anlage, in deren Mitte der Hochofen ist, und die Arbeiter drum herum bequem an der Arbeit. Bilston ist der Name des Ortes, wo wir unsere Pferde zurückließen. Es ist ein großes Dorf mit vielen Stahlwerken. Wir sind noch in Staffordshire, aber Birmingham ist in Warwickshire, eine sehr kurze Entfernung über die Grenze des Landes.

Von Wolverhampton nach Birmingham sahen wir Häuser und Fabriken. Auf vierzehn Meilen waren wir wirklich in einer ununterbrochenen Stadt – einer Stadt in Flandern, mit zahllosen Häusern und einigen Gärten".

Wasserrad und Dampfmaschine

Die Dominanz der Wasserkraft beim Betrieb der Eisenhütten war nur an einigen wenigen Stellen durch einen immer noch prekären Einsatz von Dampfmaschinen für Gebläse und Hammerwerke durchbrochen, wie de la Rochefoucauld beobachten konnte. Einige Dampfmaschinen recycelten Wasser. Die meisten Hochöfen und Schmieden in Coalbrookdale wurden noch mit Wasserrädern betrieben, die effizienter arbeiteten, als er das von zuhause kannte. „Ich muss hier bemerken, wie gut sie das Wasser durch größere Räder mit kleinen Kanistern steuern, die nicht das Gewicht eines einzigen Tropfens Wasser verlieren“. Es waren oberschlächtige Wasserräder, bei denen die kleinen Kanister von oben gefüllt und über ihre Schwerkraft das Rad antreiben. Unterschlächtige entfalten ihre deutlich schwächere Wirkung durch Wasser, das in einem engen Kanal unter dem Rad hindurchfließt. Der Wirkungsgrad oberschlächtiger Wasserräder ist so hoch, dass ihr Ersatz durch Energie vergeudende Dampfmaschinen auf den ersten Blick absurd erscheinen muss. Ich werde das noch genauer betrachten.

Die Dampfmaschine in Coalbrookdale pumpte das abfließende Wasser zur Wiederverwendung zurück in einen Teich und sorgte für einen kontinuierlichen Betrieb der Eisenhütten auch bei niedrigem Wasserstand. De la Rochefoucauld nannte die Dampfmaschine deshalb durchgehend „Dampf-Pumpe“. Die einzige Dampfmaschine, die unabhängig von Wasser arbeitete und Hammerwerke und Gebläse direkt bediente, bekam er in Birmingham zu sehen, „wo es absolut keine natürliche Wasser-Versorgung gibt“. Es war die funkelnagelneue rotierende Maschine Watts. Sie arbeitete nicht, weil eine der Komponenten gebrochen war. Das Aus dieser Dampfmaschine bedeutete das Aus für das Gebläse des Hochofens und das Aus für das Hammerwerk – und damit den Stillstand der Eisenhütte. Die Reparaturanfälligkeit der Prototypen der Dampfmaschinen Watts war einer der Gründe für die zögerliche Haltung der Eisenhüttenbetreiber, komplett auf Wasserkraft zu verzichten, wenn sie ihnen wie in Coalbrookdale mit einem System verbundener Speicherteiche relativ sicher zur Verfügung stand.

Der Archäologe Paul Belford war über die durchdachte Wasserkraftanlage in Coalbrookdale so begeistert, dass er seine Untersuchung zu ihrer Rekonstruktion „Vollendete Kaskaden“ nannte.[12] Es handelt sich um eine Reihe von Teichen auf gut einem Kilometer Länge mit einem Höhenunterschied von 100 m. Sie wurden von zwei Bächen gespeist, die schon seit dem 16. Jahrhundert nach ihrem Zusammenfluss als Coalbrook einen ersten Teich, den *Lower Forge Pool* versorgten, wo Wasserräder eine Schmiede betrieben. Bis Ende des 17. Jahrhunderts waren bachaufwärts weitere fünf Teiche hinzugekommen, zunächst für Schmieden, dann mit den Aktivitäten der Darby-Familie auch für Hochöfen, für eine Kanonenbohrmaschine und eine Zylinderbohrmaschine für Dampfmaschinen.

Wasser war der Energielieferant für viele Anwendungen. Die Mühlen wurden an den vorherrschenden Bedarf angepasst. Eine musste gar elektrischen Strom erzeugen, nachdem die Eisenproduktion in Coalbrookdale längst aufgegeben worden war. Sie blieben nach ihrem Ausscheiden aus der industriellen Produktion bis zum ersten Weltkrieg für viele landwirtschaftliche Anwendungen eine preisgünstige Option. Man muss sich daher nicht wundern, wenn sie gepflegt, ihre Schwächen beseitigt und ihr Einsatz im Hochofenbetrieb und in den Eisenhütten nur schrittweise zurückgefahren wurde. So geschehen bei der Einführung der Dampfmaschinen in Coalbrookdale.

Im Trockenjahr 1735 wurde erstmals damit begonnen, das Wasser für den Betrieb der Blasebälge der Hochöfen mit pferdegetriebenen Pumpen (Pferdegöpel) am *Lower Forge Pool* zu recyclen, so dass es die Räder erneut antreiben konnte. Acht Jahre später wurden die Pferde am Göpel durch eine Newcomen-Dampfpumpe ersetzt, die in Coalbrookdale gebaut worden war. Eine stärkere Dampfmaschine Watts, *Resolution* genannt, trat 1782 an ihre Stelle, und man konnte den *Middle Forge Pool* vergrößern und das Wasser nun durch einen 800 m langen unterirdischen Tunnel in einen 37 m tiefen Teich pumpen. Die *Resolution* blieb bis in die 1820er-Jahre in Betrieb.

Der *Upper Forge Pool* diente mit seinen Wasserrädern schon im 17. Jahrhundert zahlreichen Anwendungen der Hüttenbetriebe: Frischherd, Schleiferei, Stampfmühle, Schmiede, zwei Öfen, zwei Stahlöfen und ein Lagerhaus für Holzkohle. Dort machten 1766 die Brüder Thomas (geb.

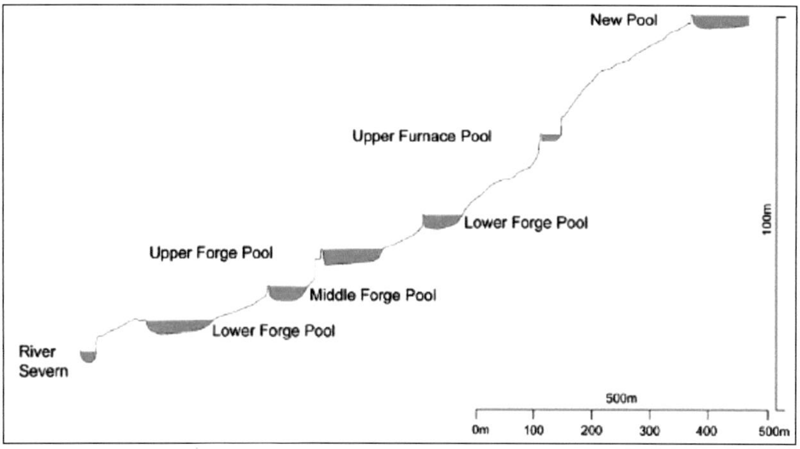

Abbildung 5: Die Teiche der Wasserkraftanlagen in Coalbrookdale. Erklärung im Text. Paul Belford, a. a. O., S. 136.

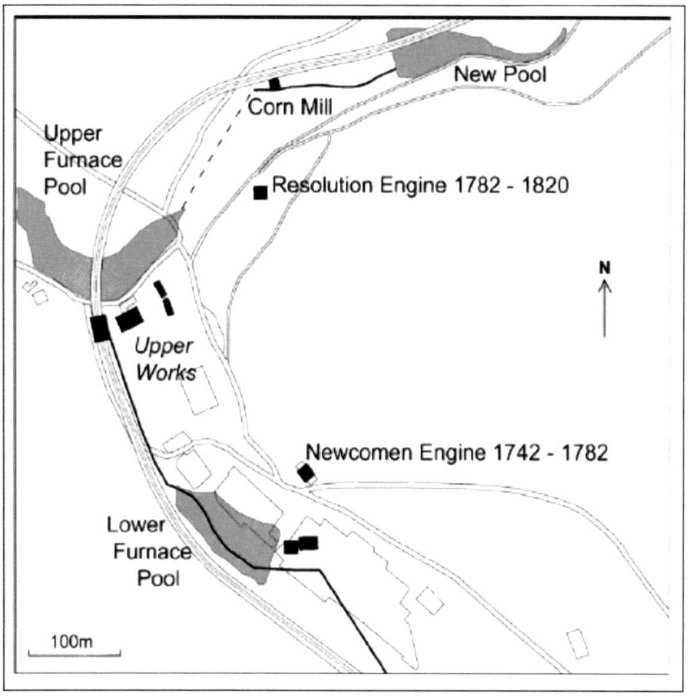

Abbildung 6: Standort der Dampfmaschinen im Teichsystem von Coalbrookdale. Erklärung im Text. Paul Belford, a. a. O., S. 137.

1701) und George Carnage (1711–1780), Arbeiter in den Eisenhütten von Darby, Experimente, um eine Mischung aus Gusseisen und Eisenschrott in einem Flammofen mit Kohle statt der gebräuchlichen Holzkohle mehrmals zu erhitzen und so umzuschmelzen, dass das Ergebnis für Drähte und Nägel taugte.[13]

Der darüber liegende *Lower Furnace Pool* versorgte seit Mitte des 18. Jahrhunderts Eisengießereien mit wasserradangetriebenen Gebläsen und seit den 1780er-Jahren eine Schleifmühle, die bis weit ins 19. Jahrhundert in Betrieb war. Noch eine Stufe höher lag der *Upper Furnace Pool*. Ursprünglich für den Betrieb einer Schmiede genutzt, diente er im Verlauf des 18. Jahrhunderts einem Komplex aus Schmieden und Öfen. Der *New Pool* war schon seit 1698 das Reservoir für zahlreiche Hochöfen.

Wasserräder

Unterschlächtige Wasserräder, bei denen das Wasser zur Beschleunigung in einer engen Kanalführung unter dem Rad hindurchfließt, hatten eine Energieausbeute (einen Wirkungsgrad) von 15 bis 30 %, sofern bei allen saisonalen Schwankungen, plötzlichem Anschwellen bei Starkregen, Versiegen bei Trockenheit für einen gleichmäßigen Wasserfluss durch einen Damm und einen Mühlgraben gesorgt ist und die Geschwindigkeit des Wassers mehr als 1,5 m/sec beträgt. (Abbildung 7)

Mit dieser Leistung ersetzten sie in der Landwirtschaft 30 bis 50 Frauen, die das Getreide sonst per Hand gemahlen hätten. Dafür hielten sich die Investitionen in Grenzen.[14] Die seit dem Mittelalter in England weiter verfeinerten Techniken des Damm- und Mühlgrabenbaus erlaubten es auch, die Mühlen an besser geeignete Standorte zu verlegen und aus den Bergen mit starkem Wasserfluss in die Ebenen hinabzusteigen, wo die Flüsse breiter, oft schon schiffbar und der langsamere Wasserfluss durch Dämme und Mühlgräben beschleunigt werden musste.

Andere Bedingungen galten bei den oberschlächtigen Wasserrädern mit ihrer erheblich größeren Energieausbeute von 50 bis 70 %. Hier musste das Wasser über ein Aquädukt auf die Höhe des Radumfangs geleitet werden, um die am Rad befestigten Behälter zu füllen und deren Schwerkraft für die Drehung zu nutzen. Dabei war eine hohe Geschwindigkeit des Wassers kontraproduktiv, da zur Füllung der Behälter zu wenig Zeit

Abbildung 7: Das unterschlächtige Wasserrad einer Schmiede. Das Kurbelgestänge zum Betrieb der Blasebälge führte zu einem erheblichen Reibungsverlust. Die Blasebälge der Hochöfen aus Leder wurden vor Einführung der Zylindergebläse auf vergleichbare Weise eingesetzt, waren aber deutlich größer. Georg Andreas Böckler „Theatrum Machinarum Novum", Das ist: Neu-Vermehrter Schauplatz der Mechanischen Künsten. Nürnberg 1661. Tafel 78. Kupferstich.

blieb. Mit einem Viertel der zum Betrieb eines unterschlächtigen Wasserrades nötigen Wassers und einer verminderten Durchflussgeschwindigkeit konnten solche oberschlächtigen Räder auch in Gegenden mit

Abbildung 8: Das große oberschlächtige Wasserrad von Broseley. Wasserzufuhr in einer dünnen Rinne auf den Kopf des Rades und Füllung kleiner Behälter auf dem Radumfang. Auf dem Hügel ein kreisrunder Pferdegöpel, wahrscheinlich außer Betrieb. Paul Sandby Munn, The Great Wheel Broseley 1802. Aquarell und Bleistift. Elton Collection, Ironbridge.

wenig Wasser führenden und langsamen Bächen eingesetzt werden.[15] (Abbildung 8)

Die Erhöhung des Wirkungsgrades der Wasserräder war angesichts steigender Bevölkerungszahlen notwendig geworden. Wasserräder hatten Pferde in den Bergwerken und beim Betrieb von Mühlen und Pumpen zu ersetzen, denn Pferde konkurrierten mit ihren Weiden um Flächen für die Ernährung des Menschen.[16] Während des Siebenjährigen Krieges von 1756 bis 1763 wurden Pferde knapp und teuer, und die Produktion von Kanonen stieg rapide an zeitgleich mit dem Bedarf an Haushalts- und landwirtschaftlichen Geräten, Werkzeugen und Nägeln. Die Eisenhüttenbetreiber mussten die Leistung ihrer Wasserkraftmaschinen und Hochöfen erhöhen und mehr Eisen produzieren. Der Ingenieur John Smeaton (1724–1792) hat in dieser Zeit die Bedingungen für eine Leistungssteigerung erstmals wissenschaftlich untersucht.

Der in England weithin bekannte Ingenieur Smeaton hat sich in vielen Bereichen um eine Effizienzsteigerung des vorgefundenen Maschinenparks gekümmert. Er experimentierte mit Modellen, um für die Reorganisation der Betriebe und für technische Veränderungen verlässliche Daten zu erhalten. Statt mit zufälligen Ergebnissen die eine oder andere Veränderung auszuprobieren, wie es die Handwerker machten, stellte er wissenschaftlich überprüfbare Zusammenhänge zwischen der natürlichen Kraft des Wassers und des Windes her, die in Wasser- und Windrädern maschinell und ohne große Verluste verwertbar und vor allem unter vergleichbaren Bedingungen reproduzierbar sein sollten. Das hatte vor ihm noch keiner gemacht.

Smeaton hatte solche Experimente „zu den natürlichen Kräften von Wasser und Wind" 1752 und 1753 durchgeführt und sie bewusst erst 1759 vor der Royal Society gelesen mit der Begründung, Modelluntersuchungen seien mit Unsicherheiten behaftet, da sie im Großen nicht immer so abliefen („that a thing may do very well in a model, that will not answer in large"). Inzwischen habe er die Gelegenheit gehabt, seine Schlüsse aus den Modellversuchen in einer ganzen Reihe von Fällen und für verschiedene Zwecke in die Praxis umzusetzen:[17]

„Um die Effekte, die von den Wasserrädern produziert werden, mit den Kräften, die diese produzieren, zu vergleichen; oder in anderen Worten, herauszufinden, welcher Anteil der ursprünglichen Kraft notwendigerweise bei ihrer Anwendung verloren geht, müssen wir zuerst wissen, wie viel an Kraft aufgewendet werden muss, um die Reibung der Maschinerie zu überwinden, und den Widerstand der Luft: auch, wie groß die tatsächliche Geschwindigkeit des Wassers in dem Augenblick ist, wenn es auf das Rad trifft; und die tatsächliche Menge des Wassers, die in einer gegebenen Zeit verbraucht wird".[18]

Smeaton wollte also nicht die Leistung der gesamten Maschinerie mit ihrer Reibung, sondern ausschließlich die Kraftwirkung des Wassers an einem Rad im Idealzustand ohne Reibung bestimmen. Reibungsverluste entstanden bei der damals üblichen Holzkonstruktion vor allem durch Aufquellen der Achsen, durch die Übertragungsgetriebe und durch unangepasste Mühlgräben.

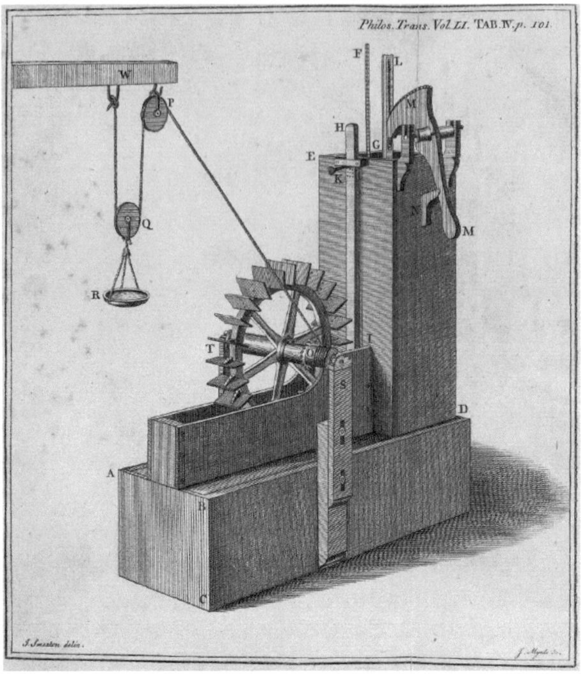

Abbildung 9: Smeaton-Modell. Philosophical Transactions of the Royal Society of London 1759, Vol. LI, Tab. IV. Erklärung im Text.

Die Reibung seines Modells erhielt er mit auf der Waagschale R platzierten Gewichten, die das Modellrad ohne Wasser über einen Seilzug antrieben (Abbildung 9). Dessen je nach Gewicht variable Umdrehung pro Minute war das Maß für den Verlust durch Reibung bei dieser Umdrehung. Nach Entfernung der Gewichte wiederholte er dasselbe mit Wasser unterschiedlicher Menge, so lange bis er dieselbe Anzahl von Umdrehungen wie mit den Gewichten erhielt. Jetzt konnte er die Wassermenge beziffern, die zur Überwindung der Reibung bei einer bestimmten Umdrehungszahl gebraucht wurde. Auf dieser Basis konnte er jetzt den Wirkungsgrad des Systems unabhängig von der Reibung und nur abhängig vom Durchfluss des Wassers bestimmen. Dessen Geschwindigkeit wiederum war abhängig von der Höhe des Wasserspiegels in der blockförmigen Zisterne, aus der es in die hölzerne Rinne in der Form eines Mühlgrabens ausfloss. Sie wurde mit dem Maßstab F gemessen und ihr Wasserspiegel mit Hilfe der Pumpe M immer auf gleicher Höhe gehalten.

Smeaton zählte die Anzahl der Pumpenhübe, die zur Aufrechterhaltung des Wasserspiegels erforderlich waren und von denen er genau wusste, wieviel Wasser pro Hub die Pumpe in die Zisterne entleerte. Das Maximum der erreichbaren Drehungen unter Arbeitsbedingungen lag in seinem Modell, wenn der Zapfen zur Regulierung des Durchflusses im ersten Loch steckte, bei 8 Pfund Wasser und 30 Umdrehungen. Die Geschwindigkeit des Wassers berechnete er aus Umfang und Rotation des Rades und setzte dieses Ergebnis in Beziehung zur Fallhöhe des Wasser aus der Zisterne und nannte das die virtuelle und effektive Höhe (*virtual and effectiv head*).

Er erkannte einen fundamentalen Unterschied von großer praktischer Bedeutung für die Konstruktion und Kraftentfaltung von Wasserrädern: Unterschlächtige Wasserräder agieren durch den Impuls des Wasserflusses, oberschlächtige durch das Gewicht des in kleine Behälter fließenden Wassers.[19] Seine Ergebnisse aus 27 Experimenten widersprachen der gängigen Auffassung, dass eine höhere Durchflussgeschwindigkeit zwangsläufig zu einer größeren Kraftentfaltung des Wasserrades führen müsse. Ein Teil des Impulses verschwindet in der Verformung der Wasserteilchen, wenn sie auf einen nichtelastischen Körper auftreffen, hier auf die Schaufeln des Rades.[20] In seinem zum oberschlächtigen Wasserrad modifiziertem Modell mit kleinen, am Umfang des Rades montierten Behältern erzeugte die Erdanziehung einen deutlichen größeren Effekt als der Impuls des Wassers, das auf die Schaufel eines unterschlächtigen Wasserrades traf. Die besten Ergebnisse lieferten hier große Räder, in die das Wasser oben bei geringer Umdrehung in lange gefüllt bleibende Behälter läuft und durch ihr Gewicht das Rad beschleunigen. Je langsamer das Rad, desto besser die Füllung der Behälter und desto höher die Kraftwirkung. Die Zufuhr des Wassers musste nur etwas schneller sein als das Wasser auf dem Rad, damit die Drehung nicht ins Stocken geriet und Wasser aus den Behältern verloren ging. War es zu schnell, klatschte es gegen die Behälter auf dem Rad, statt sie zu füllen und die Erdbeschleunigung wirken zu lassen.[21] De la Rochefoucauld hat mit viel Bewunderung von einem solchen oberschlächtigen Wasserrad gesprochen, das so genau austariert war, dass nicht ein einziger Tropfen Wasser verloren ging.

Mit dem unterschlächtigen Wasserrad fand Smeaton einen maximalen Wirkungsgrad von 22 %, mit dem oberschlächtigen von 63 %.[22] Während seiner Arbeit war er auf einen Text mit Maximen des Mathematikers Leonhard Euler über Maschinen zur Wasserhaltung gestoßen, in dem dieser seine diametral entgegengesetzte Auffassung der Kraftwirkung des Wassers beschrieb: „Maxime, um die vorteilhaftesten Maschinen zur Wasserhebung mit Hilfe von Pumpen einzusetzen".[23] Smeaton fand es merkwürdig und verstörend, dass Euler seine Maximen weder theoretisch noch experimentell demonstriert oder von ihnen in seinen Rechnungen Gebrauch gemacht habe. In seiner Maxime IV spricht Euler in dem von Smeaton etwas fehlerhaft zitierten Absatz von der Reflexion des Wassers an den Schaufeln des Rades, die zu einer annähernden Verdoppelung der Kraft des Wasserstrahls führten – angeblich in Übereinstimmung mit der Theorie.

Smeaton sieht keine Verdoppelung. Trifft das Wasser auf ein Rad, das in einem engen Graben läuft, hat es keine Möglichkeit auszuweichen. Es steigt an den Schaufeln hoch, wie wenn es auf ein feststehendes Objekt trifft, das heißt, es entfaltet seine Wirkung auf der gesamten Oberfläche der Schaufel, und ein großer Teil der Kraft geht durch das Überlaufen des Wassers verloren. Daher kommt es, dass der größte Wirkungsgrad in seinem Modellversuch nicht bei der größten Wassergeschwindigkeit von 86 Umdrehungen des Rades gemessen wurde, sondern bei 30, ein Verhältnis von 10 zu 3,5 zugunsten der langsameren Umdrehung. Das Resultat verblüfft, widerspricht es doch dem gesunden Menschenverstand, der sich sicher ist, dass die Kraftwirkung bei höherer Geschwindigkeit steigt. So ist das auch, was jeder Boxer schmerzhaft zu spüren bekommt und der große mathematische Theoretiker Euler am Schreibtisch entschied. Der Praktiker Smeaton ging anders vor. Er sah die dürftige Arbeit einer Maschine, baute ein Modell und experimentierte, um sie zu verbessern. So ist das nicht bei dieser Maschine, war sein Ergebnis. Das geschmeidige Wasser verhält sich nicht wie eine Billardkugel, die ihre Geschwindigkeit auf eine andere überträgt. Es weicht aus, läuft über, verliert durch Reibung einen Teil seines Impulses und fließt danach schwächer weiter.

Smeaton und Euler, beide Koryphäen ihres Fachgebiets, lagen methodisch weit auseinander. Der eine Maschine nach Experimenten berechnende Ingenieur und der die Welt in grundlegende Formeln fassende Mathematiker hatten noch nicht zueinander gefunden. Mit Smeaton hat sich jedoch sehr schnell eine Arbeitsweise der Ingenieure etabliert, in der sie in Modellversuchen Daten erheben, Materialien vor ihrem Einsatz prüfen und Produktionsabläufe mit Messungen von Kerngrößen der Maschinenfunktion zeitnah steuern. Ihre Ergebnisse hatten direkte Auswirkung auf Investitionen, deren Ausmaß und Wirksamkeit über Sein oder Nichtsein eines Betriebes entscheiden konnten. Smeaton hat sich über eine Wissenschaft aufgeregt, die praktische Vorgaben machen will, aber die Praxis nicht kennt, die rechnend theoretisiert, statt durchzurechnen, was zu sehen ist, wenn man sehen will, und das rechnerische Ergebnis nicht experimentell überprüft.

Smeaton lieferte für seine Herangehensweise an Probleme ein Beispiel auf ganz großer Stufenleiter. Als Ingenieur bei den *Carron Ironworks,* zwischen Glasgow und Edinburgh gelegen, stellte er 1769 die prekäre Wasserversorgung für die Gebläse der vier Hochöfen auf den Prüfstand.[24] Zum Zeitpunkt seiner Beobachtungen im Juli war der Wasserstand im Teich so niedrig, „dass die Wassersäule auf jedem Rad in den verschiedenen Schleusen zum großen Teil unsicher war".[25] Außerdem waren die Wasserräder nicht gleich groß, das Wasser traf sie in verschiedenen Höhen, und sie versorgten die Gebläse von Hochöfen, in denen Erze unterschiedlicher Zusammensetzung, Verarbeitungszeit und Ergiebigkeit geschmolzen wurden. Nichts war vergleichbar, weder die Leistung der Wasserräder, noch die der Gebläse, noch das Erz. Von welchen Parametern hing der Ausstoß eines Hochofens ab? Welche Änderungen waren zur Produktionssteigerung nötig? Das wollten die Betreiber für die Kalkulation ihrer Investitionskosten von ihm wissen.

Smeaton fand zwei Anhaltspunkte, um die Leistung der wasserradangetriebenen Gebläse der Hochöfen zu messen, und setzte sie miteinander in Beziehung: die Wassermenge pro Umdrehung der Räder in der Minute gemessen an der Anzahl der möglichen Beschickungen der Öfen mit Eisenerz pro Tag. Das heißt, er verglich Energieeinsatz mit Produktionsausstoß. In tabellarischer Präsentation zeigte er, dass sich die Wassermenge verdoppeln muss, wenn man die Zahl der Beschickungen der Hochöfen um ein Drittel erhöhen will. Der unter dem Durchschnitt liegende Ofen bekam zu wenig Wasser auf die Gebläseräder. Aber die eigentliche Ursache für die schlechtere Leistung eines Ofens sah Smeaton in einer mangelhaften Luftzufuhr. Auf diese Idee hatte ihn die bei niedrigem Wasserstand gute Leistung des bei einer normalen Wasserversorgung schlechtesten Ofens gebracht. Die Wirkung eines Ofens hänge nicht von der Geschwindigkeit ab, mit der die Luft in den Ofen geblasen werde, „sondern vielmehr von der Luftmenge, die gleichmäßig durch die im Ofen vorhandenen Materialien streicht".[26] Nicht ein hoher Luftdruck, sondern ein gleichmäßiger Luftstrom ist der Erzschmelze förderlich. Die optimale Einstellung der Gebläse müsste aus der Erfahrung gewonnen werden, da Überhitzung das Metall verderbe, eine zu geringe Hitze den Schmelzprozess nicht unterhalte. Er empfahl daher, bei Wasserknappheit die Öfen zwei und drei ohne Einbußen der Qualität herunterzufahren und das Brauchwasser zu gleichen Teilen den Öfen eins und vier zuzuführen.

Das war leichter gesagt als getan, denn die Wasserzufuhr durch den Fluss wurde nicht nur von seinem Pegel, sondern auch von Sperren durch flussaufwärts liegende Mühlen beeinflusst. Das Wasser stammte mit wenigstens 660 Kubikfuß pro Minute vom River Cannon und mit 440 Kubikfuß von der pumpenden Dampfmaschine, zusammen waren das 1100 Kubikfuß oder 311 m³ pro Minute. Das Problem war also, die aus vielfältigen Gründen schwankende Wasserzufuhr so zu verteilen, dass ein gleichmäßiger Betrieb aller Hochöfen ohne Unterbrechung gesichert war und die mit sechs bis acht Hüben pro Minute arbeitenden Dampfpumpen ausreichend mit Dampf versorgt werden konnten.

Das Ausbalancieren der Wasserversorgung erforderte einige Investitionen in Dämme und in die Erhöhung der Kapazitäten der Wasserreservoirs. Wenn möglich, sollte eine Umrüstung auf oberschlächtige Wasserräder erfolgen, was ohne Anlegen neuer Kanäle kaum zu bewältigen war. Die Zuleitungsrohre der Gebläse mussten so angepasst werden, dass sie auch bei niedrigem Wasserstand einen gleichmäßigen Luftstrom ohne Unterbrechung erzeugten. Smeaton betont, dass eine doppelte Menge Luft im selben Ofen zwar einen doppelten Effekt produziert, die Geschwindigkeit, mit der die Luft durch die Röhre bläst, aber nur ein Nebeneffekt des Versuchs ist, die doppelte Luftmenge zuzuführen. Geschieht dies durch eine Verdoppelung des Rohrquerschnitts, bräuchte man die doppelte Menge Wasser, erweitere man den Rohrquerschnitt nicht und versuchte durch ihn die doppelte Luftmenge zuzuführen, müssten die Wasserräder mit der achtfachen Menge Wasser gehen einen hohen Druck arbeiten. Ergebnis wäre wegen des scharfen Luftstroms durch das enge Rohr kein besseres, sondern wahrscheinlich sogar ein schlechteres Eisen.

Smeaton glaubte allerdings nicht, dass er geometrisch (mathematisch) exakte Aussagen gemacht habe. Er schlug Versuche vor, um den Erfolg

Abbildung 10: Gebläse in den Carron Iron Works, entworfen von John Smeaton. In vier Zylindern aus Holz bewegen sich Kolben im Rhythmus auf- und niedergehender Balkenarme. Ein großes Zahnrad in der Bildmitte überträgt die Bewegung des Wasserrades (nicht im Bild) auf ein kleineres mit exzentrisch angebrachten Stangen zu den Balken. Es ist ein Getriebe, das die langsame Drehung des Wasserrades auf eine schnelle Auf- und ab-Bewegung der Zylinderkolben mit ca. 25 Hüben pro Minute übersetzt. Links im Bild werden die beiden Luftleitungen zu einer einzigen zusammengeführt, durch die die gepresste Luft in den Hochofen geblasen wird. Am Gebläse eines anderen Ofens konnte Smeaton auf das mit Reibungsverlusten arbeitende Getriebe verzichten und mit einem kleinen oberschlächtigen Wasserrad die erforderliche Drehzahl direkt erzeugen. Aus: Pantologia: A New Cyclopaedia, Comprehending a Complete Series of Essays ... von John Mason Good, Olinthus Gregory, Newton Bosworth. London 1813 Vol. II, Plate 27.

seiner Maßnahmen zu überprüfen. Sieben Jahre später konnte er an Hand von Daten über die Beziehung von Wasserverbrauch und durch die Gebläse gelieferten Luftmenge einen eindeutigen Erfolg melden.[27] Durch die geschickte Verteilung der Wassermenge für die Gebläse der vier Hochöfen und die Anpassungen an den Zuleitungen für einen gleichmäßigen Luftstrom war auch bei niedrigem Wasserstand ein konstanter Betrieb der Hochöfen möglich geworden. Die Feinarbeit am System hatte sich gelohnt. Mit seiner durch Kenntnisse der Mechanik angereicherten Analyse war es Smeaton gelungen, die vier Hochöfen von Carron mit Koks durch Wasserkraft zu betreiben.

Letztlich, so sagt er, helfen alle diese Maßnahmen nicht bei lang anhaltenden Trockenheit: „Diese Untersuchung führt uns noch einmal vor Augen, wie wenig effizient Reservoirs wahrscheinlich bei einer lang anhaltenden Dürre sind; und es bedarf keines Beweises, dass eine schlichte, einfache, gut konstruierte, kraftvolle Dampfmaschine ein Notanker ist, die, wenn sie nichts tut, nichts verbraucht".[28] Noch also, und so kann man Smeatons Aussage interpretieren, war die Dampfmaschine nicht erste Wahl, sondern ein effektiver Lückenbüßer bei Wassermangel. Sie könnte an einem einzigen Tag die Reservoires so weit auffüllen, dass das Wasser für den Betrieb der vier Hochöfen eine Woche lang reichte, statt nur zweieinhalb Tage ohne ihren Einsatz. Es war nur eine Atempause, bis der Wasserkraft mit höheren Produktionsanforderungen buchstäblich die Luft ausging.

Die Gebläse der Hochöfen waren nicht die einzigen Betriebsteile einer Eisenhütte, die auf eine ausreichende Wasserversorgung angewiesen waren. So war zum Beispiel die Abstimmung der Wasserversorgung von Hochöfen und Kanonenbohrmühlen mit der Pumpleistung der Dampfmaschine in der Praxis der *Carron Ironworks* kompliziert, da der Betrieb der Hochöfen keinesfalls unterbrochen werden durfte, wenn die Bohrmaschinen einen größeren Bedarf anmeldeten. Wenn die Teiche für Öfen nur noch wenig Wasser enthielten, musste die Wasserzufuhr zu den Bohrmühlen nachts gestoppt und tagsüber reduziert werden. Manchmal leckten die Deiche, manchmal waren die Luftleitungen undicht und der Gebläsedruck sank. Smeaton empfahl zur rechtzeitigen Diagnose des Druckabfalls einen quecksilbergefüllten Manometer am Gebläse.

Das ist meines Wissens das erste Mal in der Technikgeschichte, dass ein Messgerät zur kontinuierlichen Beobachtung der wirksamsten Arbeitsgröße einer Maschine eingesetzt wurde, die eine zeitnahe Regulierung oder eine frühzeitige Reparatur durch Anpassung der Maschinenleistung erlaubte.

Sechzehn Jahre später hat de la Rochefoucauld in der Eisenhütte Wilkinsons in *Broseley* eine völlig veränderte Produktionsorganisation zu sehen bekommen. „Alle Werkstätten, die Feuer einsetzen" waren unter einem Dach, in der Mitte ein leerer Raum, in den die Kohle mit Pferdewagen angeliefert wurde. Eisenschmelze, Frischofen, Schmieden und Hammerwerke, die von einer ausreichenden Wasserversorgung abhängig gewesen waren, hatten sich um eine potente Dampfmaschine versammelt.[29]

Leistungssteigerungen der Dampfmaschinen seit Smeaton

Als Smeaton in den 1750er-Jahren daran ging, die Dampfmaschine Newcomens zu verbessern, verglich er erstmals ihren Vorteil mit der Arbeitsleistung von Pferden am Göpel der Pumpen für die Bergwerke. Seine als Beispiel genommene Maschine mit einem Zylinder von einem Fuß im Durchmesser und einem Kolben von 5 Fuß Länge pumpte 250 560 gallons (948 743 Liter) pro Tag zu Kosten von 20 shillings. Zwei Pferde, die in zwei Stunden Schichten arbeiteten, pumpten am Göpel 67 200 gallons (254 380 Liter), also nur etwas mehr als ein Drittel bei etwas höheren Kosten. Die höhere Leistung der maschinengetriebenen Pumpe schloss die routinemäßige sechsstündige Instandhaltung mit ein.[30] Die Leistungen von Pferden wurden ohne Umschweife in ihre Kosten umgerechnet und, wie die Tabelle zeigt, mit den Kosten für eine vergleichbare Leistung durch Dampfmaschinen verglichen (Abbildung 11). Kostenüberlegungen beherrschten schon die Einführung der ersten Newcomen-Maschinen. Als Newcomen 1710 in Griff/Warwickshire 30 km östlich von Birmingham sein Angebot unterbreitete, die Drainierung des Kohlebergwerks zu übernehmen, mussten dort 500 Pferde mit einem jährlichen Kostenaufwand von 900 Pfund Sterling unterhalten werden.[31]

Die teure Pferdehaltung zu begrenzen war von Beginn an das Versprechen der Anbieter solcher Kohle fressenden Ungeheuer, und sie haben Recht behalten. Nach rund einem halben Jahrhundert Erfahrung konnte Smeaton den Vorteil beziffern. Er berechnete die Kostendifferenz zwischen einer Kohleförderung mittels Pferdegöpel und der kombinierten Förderung mit Wasserkraft und Dampfmaschine. Das Ergebnis war eindeutig. Rund 263 £ Jahreskosten für den Pferdegöpel und mit 164 £ für die Kombination von Wasserrad und Dampfmaschine mehr als ein Drittel weniger (Abbildung 11), der zu erwartende schnellere Verschleiß der Pferdegöpel nicht eingerechnet. Auch im Leistungsvergleich blieb die Kombination von Wasserkraft und Dampfmaschine mit großem Vorsprung Sieger, der die Pferdegöpel regelrecht deklassierte.

Mit welchen Kriterien die Leistung eines Pferdes im Vergleich zu einer Dampfmaschine möglichst exakt zu bestimmen war, blieb bis Smeaton

DRAWING COALS BY HORSES AND BY ENGINE.

Comparative Estimate of drawing Coals by Horses, or by a Coal-Engine worked by Water supplied by a Fire-Engine.

ESTIMATE BY HORSES.

	£.	s.	d.
The pit eighty-two fathom, to draw a corf in two minutes for twelve hours per day, will take nine horses at 25*l.* per annum each horse	225	0	0
To two gin drivers at eight-pence per day each, six days per week, is eight shillings per week, and fifty weeks per year, is	20	0	0
To one horse-keeper, at one shilling per day, the whole year	18	5	0
Charge of a pit drawn by horses	263	5	0

ESTIMATE BY THE WATER COAL-ENGINE.

	£.	s.	d.
Suppose the fire-engine to cost 500*l.*, and the coal-engine 300*l.*, in the whole, 800*l.*, for which, allowing 10*l.* per cent, will be per annum	80	0	0
Coals, nine bolls per day, at four-pence, that is, three shillings per day, and for six days per week, eighteen shillings, and for fifty weeks per year..........................	45	0	0
A boy to attend the coal-engine, at nine-pence, six days per week, and fifty weeks per year, is 300 days..	11	5	0
An engine-keeper for the fire-engine, at eight shillings per week upon the whole year ..	20	16	0
The engine-wright's attendance on the two engines, at six-pence per working day, 300 days per year	7	10	0
Charge of a pit drawn by a water coal-engine	164	11	0

N.B. It is expected that the wear and tear of horses and gins will be greater than that of the fire-engine and water-engines.

AUSTHORPE, 14*th August*, 1776. J. SMEATON.

Abbildung 11: Tabelle zu den Vergleichskosten der Förderung von Kohle durch Pferdekraft bzw. durch eine Wasserkraftmaschine, die von einer Dampfmaschine versorgt wird, 1776. Erklärung im Text. (pit: Schacht, gin: Göpel, corf: Förderkorb, bolls of coal: altes Volumenmaß für Kohle. 1 boll entspricht ca. 2,4 Zentner). Reports of the late John Smeaton, F.R.S. made on various occasions, in the course of his employment as a civil engineer. Vol. II, second edition. London 1837, S. 95.

reichlich unklar. Er brauchte diese Daten für seine Auftraggeber, die wissen wollten, ob sie bei Pferden bleiben oder sich die hohen Investitionen für eine Dampfmaschine rechneten. 1765 sah er die Kraft eines Pferdes als vergleichbar mit der von fünf Männern oder von 22 916 Pfund Wasser, das in einer Minute einen Fuß hoch gegen die Erdanziehung angehoben wird.[32] Der heute festgelegte Wert liegt um die Hälfte höher. Hinter dem Unterschied verbergen sich die Erfahrungen, aus denen Smeaton seine Werte geschöpft hat. Im Bergwerksbetrieb galten als Ausweis für Leistung die geförderte Kohle und die aus Schächten gepumpte Wassermenge. Nur unter Abstraktion von den zahlreichen Quellen für Reibungsverluste war es überhaupt möglich, mit einer gesicherten Datenbasis zu arbeiten: Soundso viel Liter Wasser ein Fuß angehoben waren direkt am Einsatzort von Pferd und Maschinen ablesbar, und es waren diese Leistungen, die die Bergwerksbetreiber interessierten und die sich als Kostenfaktor in der Buchhaltung niederschlugen. Eine naturwissenschaftlich exakte Festlegung der Pferdestärke war das nicht. Die Pferdestärke war noch eine ökonomische Größe, die nur dort mit Maschinen vergleichbare Werte ergab, wo Pferde Pumpen antrieben oder Förderkörbe aus Schächten hievten. 1767 konnte Smeaton in der Region von Newcastle mit diesen Kriterien 57 Dampfmaschinen mit insgesamt 1200 PS Leistung auflisten, ein Durchschnitt von 21 PS pro Maschine.[33] Gemessen an ihrer Größe und ihrem Verbrauch eine geringe Leistung, wie Smeaton bemerkte.

Mit der Dampfmaschine war es möglich geworden, die Schächte der Bergwerke doppelt so tief abzuteufen, aber mit einem so ungeheurem Brennstoffverbrauch, dass Betreiber noch in den 1770er-Jahren von nahezu prohibitiven Kosten sprachen.[34] Es war eine absurde Situation. Der Betrieb der Maschine verschlang einen großen Teil der Kohle, zu deren Förderung sie eingesetzt worden war. Aus der Äußerung von Bergwerksbetreibern ist zu schließen, dass sich der durch die Maschine erzielte Ertragszuwachs aus tiefen Schächten wegen hoher Brennstoffkosten kaum rechnete, und man kann sich gut vorstellen, wer zuerst den Kostendruck zu spüren bekam, wenn kein technischer Ausweg aus dem erbärmlich niedrigen Wirkungsgrad der Maschine gefunden werden konnte. Abbildung 12 (S. 48) zeigt die Newcomen-Dampfmaschine, wie sie bis zur Mitte des Jahrhunderts fast unverändert zum Einsatz gekommen war.

Nachdem das erste Modell der Newcomen-Maschine mit den Verbesserungen von Beighton trotz des hohen Kohleverbrauchs fast dreißig Jahre unverändert gebaut worden war, wurde um die Mitte des Jahrhunderts ihre mangelnde Pumpleistung für die immer tieferen Bergwerksschächte zum Problem. Die von Smeaton vorgenommenen Abstimmungen von Kolben und Zylinder, die Veränderungen am Zufluss für die Boiler und eine verbesserte Ventilsteuerung erhöhten die Leistung und, als dringend gewünschter Nebeneffekt, den Wirkungsgrad. Eine Verdoppelung des Wirkungsgrades der Newcomen-Maschine von 0,5 % auf 1 % bedeutete bereits eine Halbierung der notwendigen Kohlenmenge, bei gleicher Leistung. Smeaton erhöhte ihn 1767 auf 0,8 % und 1774 auf 1,4 %. Die Dampfmaschine Watts, eine durch externen Kondensor verbesserte atmosphärische Newcomen-Maschine von 1775, erreichte 2,7 %, seine doppelt wirkende von 1792, bei der beide Kolbenbewegungen mit

Abbildung 12: Henry Beightons atmosphärische Newcomen-Dampfmaschine mit verbesserter Ventilsteuerung ca. 1717. Boiler (B), Zylinder (C), Kolbenaufhängung (L), Zisterne (g), Balancier (h). Während der Kolben durch das Gewicht des Pumpengestänges im Bergwerksschacht (rechts im Bild) nach oben gezogen wird, strömt Dampf aus dem Boiler in den Zylinder, wo er kondensiert und eine Druckdifferenz zur Außenluft erzeugt. Der Kolben wird jetzt durch den Luftdruck wieder nach unten geführt, und der Balancier zieht das Pumpengestänge nach oben. Die Leistungsausbeute war gering, da sich der Zylinder für eine schnelle Kondensation des Dampfes zu langsam abkühlte und der Kolben mit Leder und Leinenfasern nur unzureichend abgedichtet war. Kupferstich aus John Theophilus *Desaguliers,* A course of experimental philosophy. London 1744. Vol. II, Plate XXXVII, S. 476.

Dampf Arbeit verrichteten, 4,5 %. Mit dieser vielfältig einsetzbaren Dampfmaschine begann ihr Siegeszug in alle Bereiche der Industrie.[35] Watt erreichte diesen höheren Wirkungsgrad vor allem durch direktes Einspritzen des expandierenden Dampfes in das Vakuum des Zylinders. Die Idee dazu hatte er bereits 1769, sein Patent folgte 1782.[36]

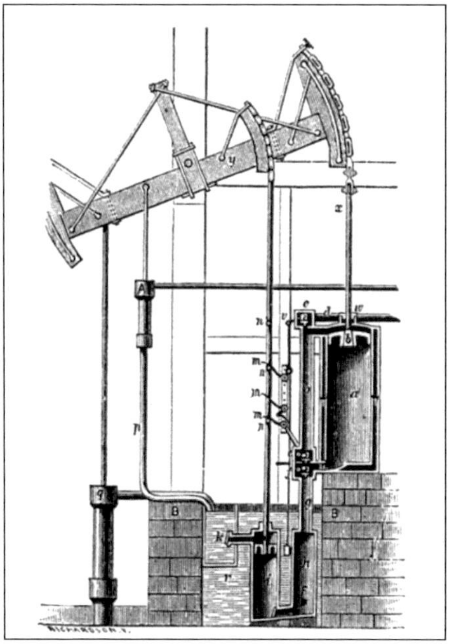

Abbildung 13; Watts Dampfmaschine 1774. Mit separatem Kondensor (h) und Vakuumpumpe (i) unter dem Zylinder. Der Boiler steht nicht mehr unter dem Zylinder, sondern mit einer wärmeisolierenden Steinummantelung daneben (nicht im Bild). Der Dampf gelangt durch das Rohr (d), das Ventil (e) oberhalb des Zylinders im Dampfmantel (y) unter den Kolben und drückt ihn im Zylinder nach oben. Es ist immer noch eine atmosphärische Maschine, bei der die Arbeitsleistung durch den Luftdruck erfolgt, der den Kolben (b) wieder nach unten drückt und den Kolben in der Wasserpumpe (q) im Schacht am linken Bildrand nach oben zieht. Das kondensierte Wasser und die Luft aus dem Zylinder werden im Rhythmus der Maschine durch Öffnen und Schließen von Ventilen abgepumpt. Der separate Kondensor vervielfachte die Energieausbeute, da der Zylinder jetzt nicht mehr bei jedem Hub abgekühlt und wieder erwärmt werden musste. Die Zahl der Hübe wurde gesteigert und der Takt der Maschine gleichmäßiger. Aus: Robert H. Thurston, Die Dampfmaschine. Geschichte ihrer Entwicklung. Leipzig 1880, 1. Theil, S. 105.

Man kann von einer bauartbedingten Ineffizienz der Dampfmaschinen sprechen, die trotz erheblicher Verbesserungen bis heute für alle Verbrennungsmotoren gilt. Sie setzen nur einen Bruchteil der eingesetzten Energie, seien es Kohle, Benzin, Diesel oder E-Fuels, in mechanische Bewegung um. Der überwiegende Rest geht als Wärme verloren. Die Hauptursache für den immensen Brennstoffverbrauch der Newcomen-Dampfmaschine lag am Wärmeverlust im Zylinder, der nach jedem Dampfhub gekühlt werden musste, um durch Kondensierung des Dampfes einen gegenüber der Umgebungsluft verminderten Druck für den nächsten Arbeitshub durch den atmosphärischen Luftdruck zu erzeugen. Abkühlen und wieder Aufwärmen brauchten Zeit und Energie, so dass die Zahl der Hübe einer frühen Newcomen-Maschine nur sechs bis acht pro Minute betrug. Mit dieser geringen Zahl von Arbeitshüben war es nicht möglich, die Blasebälge der Hochöfen ohne Zwischenschaltung eines Wasserrades mit einem gleichmäßigen Luftstrom zu versorgen, weshalb die altehrwürdige Newcomen-Dampfmaschine in den Eisenhütten nur als dienende Magd der Wasserkraft eingesetzt wurde und Wasser in Rückhaltebecken recycelte.

Um den Wirkungsgrad zu erhöhen und die Zahl der Hübe pro Minute zu steigern, wurde das Abkühlen der Zylinder von außen schon bald durch Einspritzen von kaltem Wasser in den Zylinder abgelöst, das zusammen mit dem kondensierten Dampf abgeleitet und später abgepumpt wurde. Die Leistung einer solchen Maschine hing ab von der Druckdifferenz zwischen Zylinder und Außenluft und von der Geschwindigkeit, diese Differenz herzustellen, ihr Kohleverbrauch von der Begrenzung des Wärmeverlustes im Zylinder während der Kondensation des Dampfes. Deshalb bedeutete die Einführung eines separaten Kondensors durch Watt einen regelrechten Sprung des Wirkungsgrades nach oben. Er erlaubte es, den Zylinder auf der Temperatur des Dampfes zu halten, statt ihn zur Kondensation abkühlen zu müssen.

Smeaton sah ein Problem der Newcomen-Maschine auch in einer mangelnden Versorgung mit Dampf, der den Kolben wieder nach oben in die Ausgangsstellung zu treiben hatte. Bei Maschinen, die Gebläse direkt antreiben mussten, fügte er einen zweiten Boiler hinzu, verringerte die Bohrung seiner Düse, erhöhte den Durchmesser der Wasserzufuhr und platzierte den Kaltwassertank 36 Fuß höher, um eine höhere Geschwindigkeit der Zufuhr zum Boiler zu erreichen. Die engere Düse zerstäubte das Wasser im Boiler, so dass es leichter in Dampf umzuwandeln war. Der Kolben wurde mit einem 2 ¼ inches dicken Ulmen- oder Buchenholz belegt, um den Verlust an zugeführtem Dampf durch Kondensation an seiner metallenen Oberfläche zu verringern. Außerdem fügte er ein Steuerungselement hinzu, das das Intervall bis zum nächsten Hub per

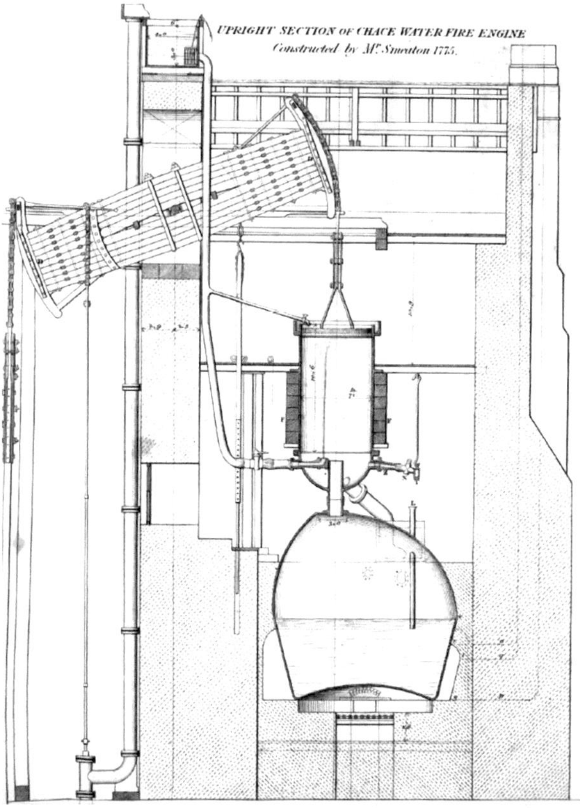

Abbildung 14: Smeatons Dampfmaschine von 1775 in der Chacewater Mine in Cornwall. Sie entwickelte 72 PS und ersetzte zwei Maschinen, die zusammen 60 PS leisteten. Engineering Timelines 2022. John Farey, A Treatise on the Steam Engine, historical, practical, and Descriptive. London 1827, Plate V

Hand regelte.[37] Diese stärkeren Maschinen konnten nun auch Hochofengebläse direkt antreiben (Abbildung 17, S. 55).

Smeatons Steuerung der Kolbenhübe durch Ventile und die Verminderung der Kondensation am Kolben war nicht der Beginn der Arbeit am Detail der Newcomen-Dampfmaschine. Veränderungen an der Mechanik zu verbesserter Handhabung und zur Anpassung an den vorgesehenen Verwendungszweck hatte es schon vor ihm gegeben. Neu waren seine Berechnungen der Größenverhältnisse von Kolben und Zylinder, die er an Modellen erprobte und dann im Großen verwirklichte, und

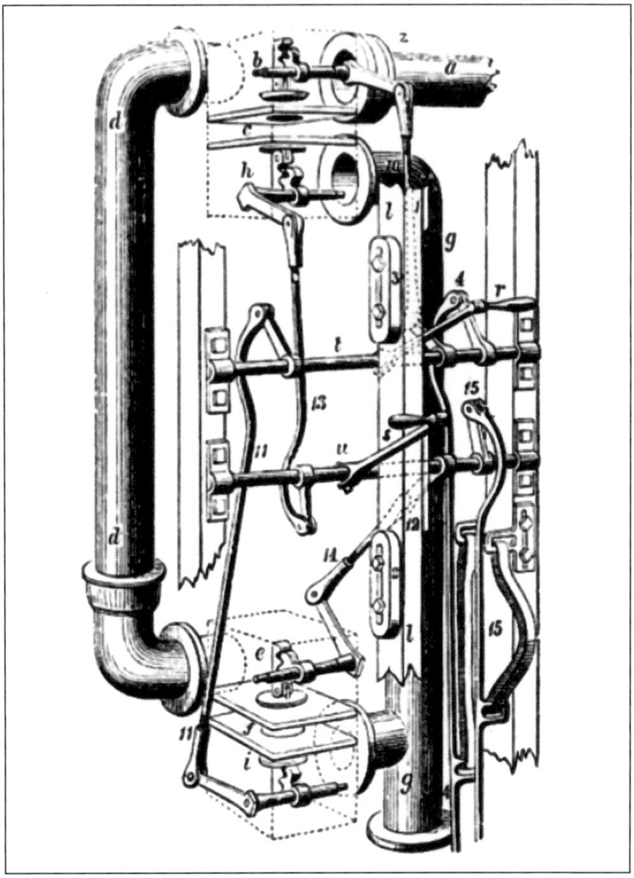

Abbildung 15: Ventilsteuerung der Albion-Mills- Betriebmaschine als Beispiel für die zunehmende Komplexität mechanischer Teile einer Dampfmaschine Watts. Baubeginn 1784, in Betrieb 1786. Thurston a. a. O., S. 130.

die bisher aufs Geradewohl erfolgt war.[38] Neu war seine Konzentration auf die Erhöhung des Wirkungsgrades, die schließlich zu den potenten, doppelt wirkenden Dampfmaschinen Watts mit separatem Kondensor und selbsttätiger Ventilsteuerung führten. Die dafür geforderte Präzision der Gussteile, der Zylinderbohrung, der Dichtungen und Geräte zur Messung des Dampfdrucks, der Wasserstandsbestimmung im Kessel und des Vakuums zur selbsttätigen Prozesssteuerung wurde von den Eisengießern nur allmählich erreicht. Ihr Mangel an Fertigkeiten erklärt viele der Anfangsschwierigkeiten.

Am Hochofen von *Ketley* (Telford bei Coalbrookdale) zum Beispiel wurde 1778 eine alte Newcomen durch eine neue von Watt ersetzt. Kolben, Ventile, Boiler und Heizrohre waren alle fehlerhaft.[39] Sie musste gestoppt werden und war erst 1780 betriebsbereit, und eine weitere wurde installiert. Diese Dampfmaschine Watts hatte zwar immer noch einen niedrigen Wirkungsgrad, war aber um ein Vielfaches leistungsfähiger als die Maschine Newcomens, wie Watt am 2. Januar 1781 an

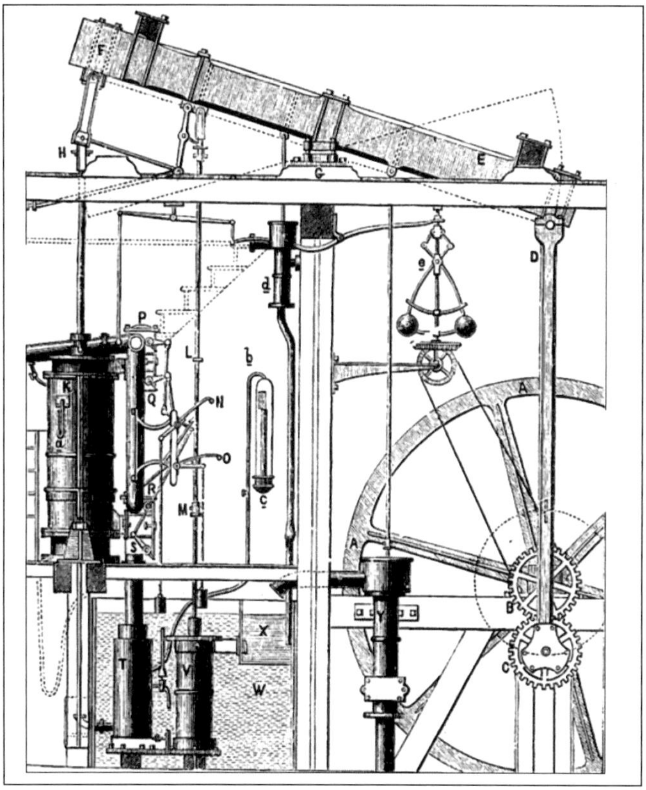

Abbildung 16: Die doppeltwirkende Dampfmaschine Watts von 1781. Mit „Sonnen- und Planetenrad" als Ersatz für die rotierende Bewegung einer Kurbel, deren Patentschutz Watt umgehen wollte. Deutlich zu erkennen die Vielfalt der Einzelteile, deren Guss eine große Präzision erforderten, und mit Fliehkraftregler und Schwungrad der Versuch, einen gleichmäßigen Maschinengang zu erreichen. Diese Maschine konnte mir ihrem regelmäßigen schnellen Takt die Zylindergebläse der Hochöfen direkt, ohne Zwischenkunft eines Wasserrades antreiben. Thurston a. a. O., S. 111. Die Funktionsweise wird unübertroffen demonstriert in einem Video: https://www.youtube.com/watch?v=gU-MohPLBrs.

den Manager der *Coalbrookdale Ironworks*, William Reynolds, schrieb. Die Newcomen-Maschine pumpte 123 400 Kubikfuß (3483 m³) Wasser einen Fuß (30,5 cm) hoch und verbrauchte einen cwt Kohle (Hundredweight, ca. 1 Zentner), Watts Maschine schaffte mit 310 000 Kubikfuß (8778 m³). zweieinhalbmal mehr, bei gleichem Kohleverbrauch.[40]

1781–82 wurde die Dampfpumpe, die das Wasser von den unteren Teichen in Coalbrookdale zu den oberhalb der höher gelegenen Öfen zurückpumpten, durch eine sehr große Watt'sche Maschine ersetzt, die einen Zylinder von 66 inches (1,68 m) im Durchmesser hatte mit einem Hub von 9 Fuß (2,7 m) Länge und einem Balken, der angeblich aus acht großen Eichen gezimmert worden war. *Resolution*, wie die Maschine genannt wurde, arbeitete zuerst nicht gut und wurde während der 1780er Jahre mehrmals modifiziert. Sie schien sehr viel besser geworden zu sein, nachdem 1789 ein neuer Zylinder eingebaut worden war.[41] Solange mit Reparaturanfälligkeiten der Dampfmaschinen längere Betriebsunterbrechungen drohten als mit der Wasserkraft bei Trockenheit, war man mit der Wasserkraft immer noch auf der sichereren Seite. Letztlich wird sich die größere Leistungsfähigkeit der Dampfmaschine durchsetzen. Davon war James Watt überzeugt.

Am 13. Dezember 1782 beschrieb er in einem Brief an seine Kompagnon Boulton den riesigen Leistungssprung seines neuen doppelt wirkenden (*double acting*) Dampfhammers in Soho bei Birmingham im Vergleich zu einem wasserradangetriebenen. „Die aufgewendete Kraft beträgt nicht mehr als ein Viertel dessen, was zur Hebung der Wassermenge für ein Wasserrad erfordert würde, um denselben Hammer mit derselben Geschwindigkeit zu betreiben." Mit einem knapp drei Mal so großen Zylinder seiner Maschine und 20 Hüben pro Minute konnte Watt vier Hämmer gleichzeitig versorgen und sie dabei mit einem ca. sechs Mal größeren Gewicht 90 Schläge in der Minute machen lassen.[42] Mit einem solchen Hammer wurde die Umwandlung von Roh- in Schmiedeeisen enorm beschleunigt. In den Hammerwerken wurde das Roheisen mit heftigen Schlägen komprimiert und von seinen Kohleresten befreit, um Schmiedeeisen zu erhalten. Sie mussten mit dem Umstieg auf Koks erheblich leistungsfähiger werden. Watts Vergleich mit den für Hammerwerke bisher unschlagbaren Wasserrädern zeigt, wohin die Reise jetzt zu gehen hatte – zum wasserunabhängigen Dampfmaschinenantrieb des gesamten Maschinenparks von Eisenhütten.

Ein Grund, warum in Shropshire die Watt'sche Maschine trotz deutlicher Überlegenheit nur allmählich die Newcomens ersetzte, war, dass diese auch noch um 1800 die anfallenden Aufgaben an den Standorten erledigen konnte, wofür sie errichtet worden war, weniger effizient, aber wegen hoher Patentkosten billiger. Watt ließ sich seine Maschinen durch einen jährlichen Tribut in Höhe von einem Drittel der eingesparten Heizkosten bezahlen, während die Kosten einer Newcomen-Maschine mit 145 bis 300 £ einmalig und fest kalkulierbar waren.[43] Bei niedrigem Kohlepreis hielt man an der altbewährten Kombination von Wasserrad und Wasserrecycling durch die etablierten Newcomen-Maschinen fest: zum Beispiel im Walzwerk von *Horsehay*, in der Bohrmühle von *Ketley*, für die Schmiedehämmer in *Benthall* und *Snedshill*.[44] Eine ganze Reihe von Newcomen-Maschinen konnten nach Einführung der Zylindergebläse so umgebaut werden, dass sie ohne Zwischenkunft von Wasserrädern die Gebläse direkt antrieben, so zum Beispiel in *Madley Wood* 1780.[45]

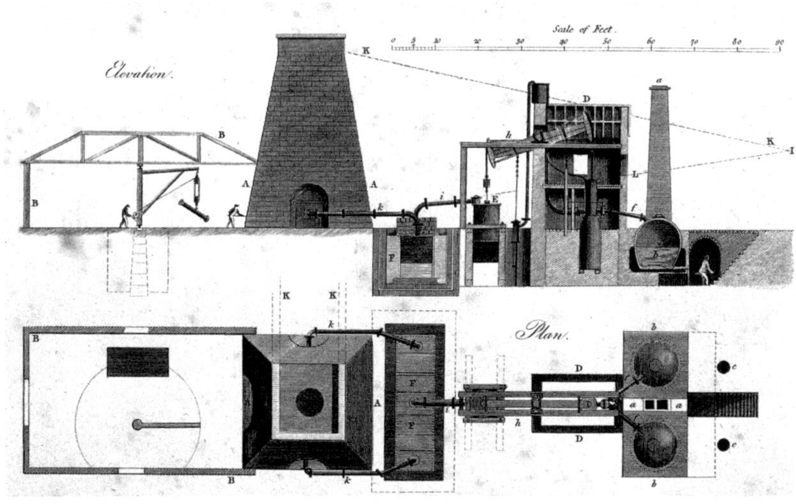

Abbildung 17: Die gesamte Anlage eines Hochofens (A) mit Zylindergebläse (E) und Wasserregulator (F), direkt angetrieben von einer nach Smeaton umgebauten Newcomen-Dampfmaschine (D) mit zwei Boilern (b). Stich von Russell und Mutlow. 1810, nach J. Farey. Iconographic Collections Plate 89. Wikipedia commons.

Die Newcomen-Dampfmaschine war in den Coalbrookdale Ironworks eng mit dem ausgeklügelten System von Teichen und Wasserrädern abgestimmt. Anders als die späteren Maschinen Watts mit ihrer Möglichkeit der Anpassung des Dampfdrucks an ihre jeweilige Verwendung waren die unflexiblen Newcomen-Maschinen streng standortgebunden und mussten von vorneherein konstruktiv an den vorgesehenen Einsatz angepasst oder mit großem Aufwand umgebaut werden.[46] Eine über den Daumen gepeilte Fehleinschätzung der erforderlichen Leistung oder eine Erhöhung der Eisenproduktion zwangen zum nachträglichen und wiederholten Einbau größerer Zylinder.

Während des großen Booms der 1750er-Jahre standen zwei Newcomen-Maschinen in *Horsehay*, zwei in *Ketley*, eine in *Lightmoor* und eine in *New Willey*. In *Madley Wood* pumpten sie das Wasser direkt aus dem Fluss Severn, wie auch in New Willey aus dem wenig Wasser führenden Dean Brook. Mitte der 70er waren es dann rund 20 in East Shropshire. Fünf oder sechs sollen vom frühen Watt'schen Typ des Umbaus einer Newcomen-Maschine gewesen sein. Elf dienten als Wasserpumpen für die Hüttenbetriebe und zum Antrieb der Gebläse.[47] Wahrscheinlich gab es in Shropshire mehr Dampfmaschinen auf die Quadratmeile als in jeden anderen Distrikt Großbritanniens. Ende des 18. Jahrhunderts waren es 200 Dampfmaschinen für verschiedene Anwendungen.[48] Sie wurden in Shropshire nach Überwindung der Anfangsschwierigkeiten schnell eingeführt, weil viele Hütten Maschinenteile gießen konnten.[49]

Dampfmaschine und Hochofengebläse

Als seit Mitte des 18. Jahrhunderts der Hochofenbetrieb von Holzkohle auf Koks umgestellt wurde, musste der Energieaufwand nahezu verdoppelt werden, um dieselbe Menge Schmiedeeisen zu produzieren. Das lag vor allem an der im Eisen verbliebenen größeren Menge an Kohlenstoff, der bei der Verbrennung mit Holzkohle nahezu verschwunden war. Mit Koks war zur Verbrennung dieses Restkohlenstoffes ein weiterer energieaufwändiger Prozess im Flammofen nötig geworden.

Die seit dem Mittelalter genutzten Blasebälge reichten nicht mehr, um den Hochöfen die zur Koksverbrennung nötige Luftmenge zuzuführen. Sie wurden durch Gebläse ersetzt, die für einen anhaltend gleichmäßigen Luftstrom sorgten, der für die Koksverbrennung essentiell war. Diese Gebläse waren wahrscheinlich die wichtigste technische Errungenschaft in der zweiten Jahrhunderthälfte. Ihre zentrale Bedeutung wird bei der Fokussierung auf die Dampfmaschine leicht übersehen. In den Eisenhütten der Zeit gruppierten sich oftmals Hochöfen und Frischöfen um ein zentrales Gebläse, das die Öfen über mehrere Leitungen versorgten, angetrieben von Wasserrädern oder schon direkt von einer Dampfmaschine wie in den *New Willey Ironworks* des John Wilkinson in Broseley.

In einem Hochofen wird Eisenoxid durch das Verbrennen von Koks zu Eisen reduziert. Um ein Pfund trockenen aschefreien Koks zu CO_2 (Kohlendioxid) zu verbrennen, braucht man 150 Kubikfuß Luft (4248 Liter).[50] Da in einem Hochofen bei Anwesenheit von Fe_2O_3 (Eisenoxid) der Kohlenstoff nur zu CO (Kohlenmonoxid) oxidiert wird, müsste durch die Gebläse eigentlich nur die Hälfte der Luft zugeführt werden. Das während der Verbrennung von Koks entstehende Kohlenmonoxid reduziert das Eisenoxid zu Eisen. Die vereinfachte Chemie der Reaktion sieht so aus:

$C + O_2$ -- CO_2

Energie liefernde Verbrennung des Kokses.

$CO_2 + C$ -- $2\ CO$

Erzeugung des Reduktionsmittels Kohlenstoffmonoxid.

$Fe_2O_3 + 3\ CO$ -- $3\ CO_2 + 2\ Fe$

Reduktion des Eisenoxids zu Eisen.

Mit 25 Kubikfuß Luft pro Minute (708 Liter) erhielte man theoretisch 6 Tonnen Eisen pro Woche. Während des Brennvorgangs geht allerdings sehr viel CO über die Spitze des Ofens verloren, so dass wahrscheinlich vier Mal so viel Luft pro Minute gebraucht werden.

Mit dieser Überschlagsrechnung lässt sich abschätzen, welche Leistung die Blasebälge oder Gebläse erbringen müssen, damit die Reduktion des Eisenoxids zu Eisen ablaufen kann. Rechnet man mit einem Volumen des Blasebalgs von 18 x 4 Fuß (2039 Liter), der mit einem Wasserrad 16 Mal in der Minute 6 inches tief gedrückt wird, würde man bei einer Luftversorgung von 180 Kubikfuß pro Minute landen. Das wäre, eine kontinuierliche Wasserversorgung für die Räder der Blasebälge vorausgesetzt, vollkommen ausreichend.

Die jedoch war im Werk *Horsehay* bei Coalbrookdale nicht gesichert. Es gab nur einen kleinen Bach, der einen Teich nur mangelhaft füllen konnte. Seit 1733 wurde mit Hilfe eines Pferdegöpels Wasser wieder zurückgepumpt. Er wurde 1743 durch eine Newcomen-Dampfpumpe abgelöst, deren Zylinder in den folgenden Jahrzehnten durch immer größere ersetzt werden musste.[51] Bei der Umstellung hatte sich gezeigt, dass der Pferdegöpel mit nur einem Pferd rund die Hälfte mehr Wasser in den vorsorglich vergrößerten Speicherteich zurückpumpte als die zu klein ausgelegte Dampfmaschine. Mit einer derart unsicheren Energieversorgung war Koks als Brennmaterial für Schmiedeeisen nicht zu verwenden. Mitte der 1750er-Jahre waren die beiden ersten Hochöfen zur Produktion von Roheisen mit Koks errichtet worden. Dann behinderten mangelhafte Dichtungen an den alten Gebläsen und der Verlust von Luft beim Transport durch die Röhren die Weiterverwendung von Koks bis zur Herstellung von Schmiedeeisen.[52] 1772 verbrauchten allein die Boiler der Dampfmaschine für die Gebläse 100 bis 150 Tonnen Kohle pro Woche, um 50 Tonnen Eisen zu erhalten, rund ein Drittel der in den Eisenhütten verbrauchten Kohle.[53] Es waren Mengen, die in der Kostenkalkulation erheblich zu Buche schlugen.

John Smeaton hatte zwanzig Jahre vorher herausgefunden, dass ein gleichmäßiger Luftstrom, der die Materialien im Hochofen umströmt, entscheidend für die Effizienz und Qualität der Erzverbrennung ist. Seither waren viele Anstrengungen unternommen worden, die Stöße der ledernen Blasebälge abzuschwächen und sie durch metallische Zylinder mit einem Wasserregulator zu ersetzen, der die Luftstöße glättete.

John Wilkinson hat in den 1752 von ihm mitbegründeten *New Willey Ironworks* in Broseley 1776 erstmals in der Region von Coalbrookdale die Zylindergebläse seines Vaters Isaac beim Ersatz der Holzkohle durch Koks in der gesamten Produktionskette zu Schmiedeeisen verwandt.[54] Sie wurden durch eine von Boulton und Watt umgebaute Newcomen-Dampfmaschine mit einem riesigen Zylinder von 60 inches Durchmesser angetrieben.[55] Watt war bei der Installation im August 1775 persönlich anwesend, ebenso der französische Brigadegeneral der Infanterie unter Louis XVI., Marchand de la Houlière, der im Auftrag der französischen Regierung nach den Niederlagen der Marine im Siebenjährigen Krieg den Gründen für die Überlegenheit der englischen Kanonen auf die Spur kommen sollte. Marchand de la Houlière war selbst Besitzer einer Schmiede im südfranzösischen Alès. Wilkinson hatte für den Guss von Kanonen und großen Dampfmaschinenzylindern eine Methode gefunden, sie erst mit einem Hohlraum zu gießen und anschließend aufzubohren.[56] Er beherrschte die Methode des Umgießens alter Kanonen in einem mit Koks befeuerten Flammofen. Marchand de la Houlière wird nach dem Besuch in den *New Willey Ironworks* mit den Gebrüdern John und Williams Wilkinson enge Geschäftsbeziehungen aufnehmen und mit einem der beiden, Williams, 1777 die Kanonengießerei von Indret auf einer Loire-Insel in der Nähe von Nantes mit dem offiziellen Segen des französischen Marineministers einrichten, die zwei Jahre später um eine hydraulische Bohrmaschine ergänzt und mit einem eisernen Schienweg von 1100 m Länge miteinander verbunden wurden. Diese Geschäftsbeziehung hat de la Rochefoucauld in seiner Reportage kurz angedeutet.[57] Es war ein Modernisierungsschub für die französische Marine und Eisengießereien, angeleitet von einem Privatmann des feindlichen Britischen Empire nur 14 Jahre nach Beendigung des Siebenjährigen Krieges und ohne Behinderung durch staatliche Stellen.

Die beiden Gebläse Wilkinsons in den New Willey Ironworks erzeugten einen gleichmäßigen Luftstrom von „4 lb/sq. in through a 3" tuyere" (4 englische Pfund pro quadrat-inch durch eine 3-Zoll-Röhre), also ca. 2,6 bar durch eine 7,6 cm weite Röhre.[58] Dieser Luftstrom, den de la Rochefoucauld verspürte, ist etwas stärker als der eines Autoreifens, bei dem die Luft abgelassen wird. Das Zylindergebläse, das er gesehen hat, war einziges großes eisernes Fass mit zwei Ventilen, ausgestattet mit einem Druckausgleich, der seine Luftstöße glättete, einem sogenannten Wasserregulator. (Abbildung 18)

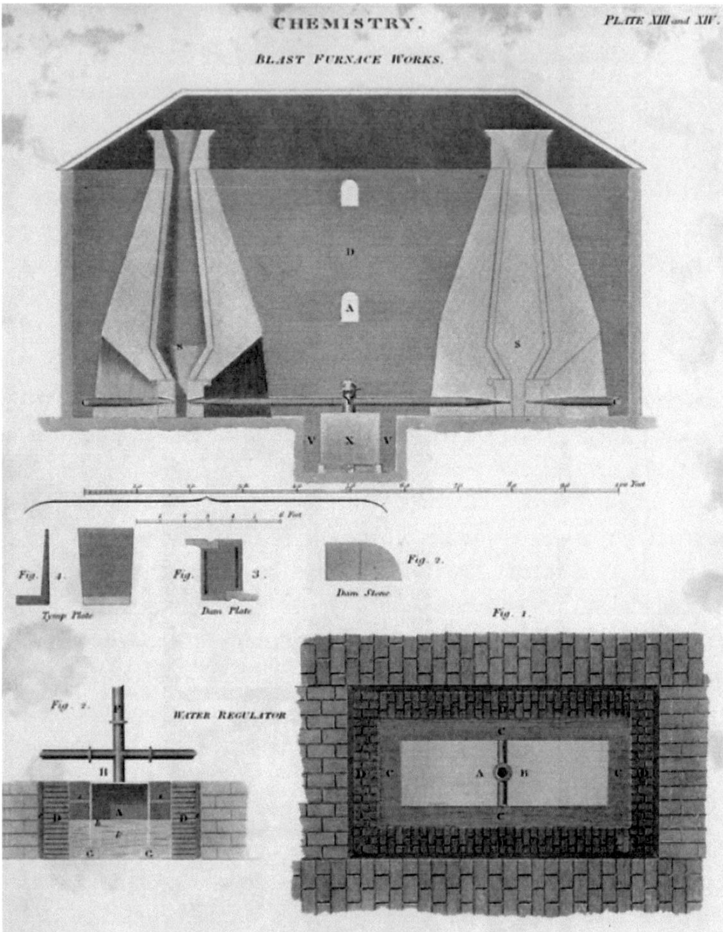

Abbildung 18: Wasserregulator eines Gebläses für zwei Hochöfen. Er steht mit einem Anschlussventil für die Luftzufuhr aus dem nicht abgebildeten Zylindergebläse in einer Versenkung zwischen den Hochöfen. Figur (1) rechts unten zeigt den Regulator in Aufsicht, Figur (2) links unten im Querschnitt. (A) ist ein unten offener umgedrehter Kasten aus Eisenplatten, durch den das Gebläse Luft in das Wasserreservoir der Zisterne pumpt. Dadurch gerät das Wasser in Bewegung, steigt und fällt im Rhythmus der Luftstöße und schränkt oder erweitert

den Luftraum im Eisenkasten abhängig vom Druck des Luftstoßes aus dem Gebläse und glättet ihn. Der geglättete Luftstrom wird in die Luftröhren der beiden angeschlossenen Hochöfen oder Schmieden weitergeleitet. Abraham Rees (1802–1819), The Cyclopaedia; or Universal Dictionary of Arts, Sciences and Literature, London: Longman, Hurst, Rees, Orme & Brown Plates Chemistry Vol. II, Text Vol. IV. London 1819: „Blast Furnace“ S. 548 f und „Blowing Machine“ S. 632 f.

Der Wasserregulator war inspiriert von den seit langem zur Belüftung in den Bergwerken, der Bewetterung, eingesetzten Wassertrommelgebläsen. Bei einem Wassertrommelgebläse treibt ein aus großer Höhe in einen Kasten durch hölzerne kastenförmige Leitungen (Lutten) fallender Wasserstrom die Luft vor sich her, die zur Belüftung in die Schächte der Bergwerke weitergeleitet wird. „Die Stärke des Drucks oder der Pressung des Windes ergibt sich aus dem Unterschied der Höhe des Wasserstandes in dem Kasten und dem mit Wasser angefüllten Gefäss, in welchem der Kasten steht. Die zusammengedrückte Luft weicht aus einer Öffnung in dem Deckel des Kastens, welche mit der Düse in Verbindung steht“.[59] Die Ähnlichkeit der Konstruktion eines Wassertrommelgebläses mit der des Wasserregulators Wilkinsons ist frappierend. (Abbildung 19)

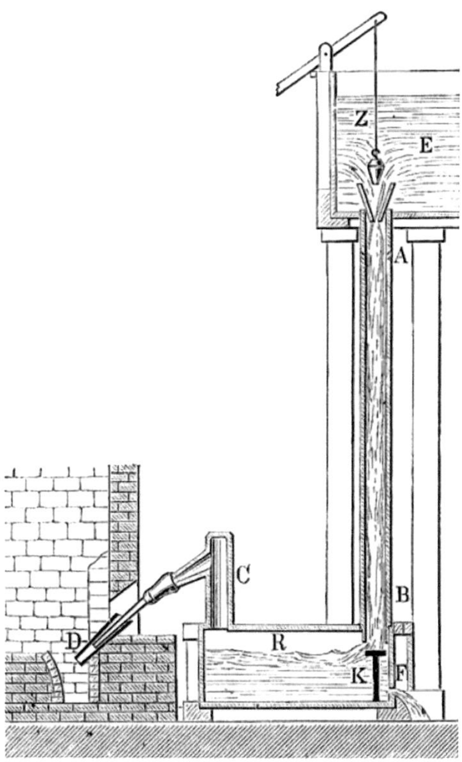

Abbildung 19: Wassertrommelgebläse. Meyers großes Konversations-Lexikon. 6. Auflage. Stichwort Gebläse. Leipzig, Wien, Bibliographisches Institut. 1906.

Der Chemiker William Lewis hatte Experimente gemacht, um ihren Einsatz auch für Hochofengebläse zu prüfen.[60] Lewis wollte genau bestimmen, welche Röhrenweite, welche Fallhöhe des Wassers und welche Gefäßweite des Fasses für eine möglichst starke Luftströmung optimal sein kann. Die Ergebnisse zahlreicher Experimente waren enttäuschend. Wassertrommelgebläse erzeugten zu wenig Druck, um die Schmelze in den Hochöfen zu unterhalten. Er reichte gerade noch für das Anfachen der Feuer in Schmieden. Aber immerhin: das negative Resultat verhinderte sehr teure Fehlinvestitionen in ein untaugliches Gebläse. John Wilkinson, der sich mit vielen Einzelheiten seiner Versuche auseinandergesetzt hatte, hat Lewis' Meinung über den Wasserregulator eingeholt, eine wissenschaftliche Expertise, bevor er das Risiko einer großen Investition einging.[61] Sein Vorgehen wird Schule machen.

Abbildung 20: William Lewis, Einrichtung seines Labors. Der für seine Arbeiten über Platin berühmte Chemiker Lewis untersuchte viele technologische Verfahren unter Laborbedingungen, um ihnen Kriterien zu ihrer Optimierung zu entlocken. Das Labor lässt eher an die Probierstube eines Berg- und Hüttenwerks denken, die den Metallgehalt von Erzen zu überprüfen hatten, als an ein mit Destillierapparaten und Phiolen angefülltes Chemielabor zur Analyse von Salzen und Säuren. Verschiedene kleine Öfen zur Erzschmelze und ein großer Blasebalg. Die Öfen stehen unter einem Kaminabzug, in der Mitte ein besonders langes Abzugsrohr. Lewis beschreibt ausführlich verschiedene Methoden der Luftzufuhr und die Veränderungen des Luftstroms durch die Änderung der Röhrenweite und des Wasserstroms und durch die Anordnung der Blasebälge. Aus: Der Zusammenhang der Künste philosophisch-practisch abgehandelt: ein Versuch für die Beförderung der Künste, Gewerbe und Manufacturen. Plate V, S. 561. Zürich 1764.

Holzkohle und Koks in der Eisenindustrie des 18. Jahrhunderts

Einige technologische Voraussetzungen für die Verwendung von Koks in den Hochöfen der Eisenhütten habe ich angesprochen. Sie betrafen die energetische Versorgung zur Herstellung eines gleichmäßigen Luftstroms für die Erzschmelze mit Koks. Jetzt geht es zum Kern des Verfahrens, zum Ablauf der Schmelze im Vergleich von Holzkohle mit Koks und um eine Energiebilanz der beiden Kohlenstofflieferanten für die Reduktion des Eisenoxids zu Eisen.

Bis zur Mitte des 18. Jahrhunderts war Holzkohle für die Herstellung von Schmiedeeisen ohne Alternative. Anders als Kohle enthält sie keinen Schwefel und nur wenig Phosphor. Bei der Reduktion der Eisenerze verbrennt ihr Kohlenstoff fast vollständig, ohne Rauchentwicklung und ohne Flamme, da alle brennbaren Gase schon bei der Verkohlung entwichen und nur Kohlenstoff verblieben war. Aus vier bis sechs Tonnen Holz gewannen die Köhler eine Tonne Holzkohle. Um eine Tonne schmiedbares Stangeneisen zu erhalten, benötigte man 4,3 bis 5,5 Tonnen Holzkohle. Sie war also wie der später eingesetzte Koks ein sekundärer Brennstoff. Dieser Energieverlust beim Verkohlen des Holzes und beim Verkoksen der Kohle, der sie von Schwefel und anderen Verunreinigungen befreit, wird in vielen Untersuchungen zu Energiebedarf- und effizienz der Eisenproduktion unterschlagen.[62]

Holzkohle produzierte im Hochofen wenig Schlacke, und das erschmolzene Roheisen brauchte nach der Raffinierung zu Schmiedeeisen in einem Frischherd nur eine geringe Bearbeitung in einem Hammerwerk. Zum Frischen wurde das Roheisen zusammen mit seiner Restschlacke und Holzkohle in einem offenen Frischherd zu einer Art Bad vermischt und während des Brennvorgangs ständig mit einer Eisenstange umgerührt, angefacht durch den Luftstrom von wasserradgetriebenen Blasebälgen.[63] Holzkohle war wegen der fast vollständigen Verbrennung seines Kohlenstoffs lange das einzig denkbare Brennmaterial in der Stahlherstellung. Stahl enthält nur noch 0,25 % bis 1,5 % Kohlenstoff. Dazu wurde das Schmiedeeisen noch einmal langanhaltender großer Hitze ausgesetzt, was die Stahlproduktion trotz kontinuierlicher Effizienzsteigerung der

Hochöfen und Schmieden stark verteuerte. Zwischen 1540 und 1750 war der Holzkohleverbrauch der Schmelzöfen pro Tonne produzierten Eisens schon um die Hälfte gesunken.[64] Holzkohle ist jedoch sehr porös und sperrig, beansprucht einen zweieinhalbfachen größeren Lagerraum als Kohle und im Brennofen eineinhalb Mal mehr Platz als Koks, was die mögliche Beschickung mit Eisenerz verminderte. Ihr Transport war heikel, da sie durch Rütteln leicht zu Staub zerfiel.

Die Weiterverarbeitung des mit Koks gewonnenen minderwertigen und brüchigen Roheisens zu Schmiedeeisen war wegen des verbliebenen hohen Kohlenstoffgehalts mit Koks schwierig und brauchte mehrere Anläufe, bis man um die Mitte des 18. Jahrhunderts so weit war, auch dafür Koks einzusetzen. Um 1754 war es Abraham Dary II (1711–1763) in den *Coalbrookdale Iron Works* schließlich gelungen, das Roheisen mit Koks zu frischen und Schmiedeeisen zu erhalten. Nach anfänglichen Versuchen der Carnage-Brüder mit Flammöfen, bei denen zu viel Ausschuss produziert worden war, war man schließlich beim *stamping and potting*-Verfahren gelandet, das de la Rochefoucauld 1785 für die John Wilkinson's Ironworks *Bradley* bei Bilston/Wolverhampton und *New Wiley* bei Broseley beschrieben hat. Das aufwändige Verfahren verhinderte in einem schrittweisen Vorgehen den Kontakt des Eisens mit unerwünschten Bestandteilen der Kohle, benötigte eine gleichmäßig starke Luftzufuhr beim Frischen und eine intensive zweite Bearbeitung in einem leistungsfähigen Hammerwerk.

De la Rochefoucauld sah, wie die Arbeiter drei Fuß lange abgekühlte Stücke von Roheisen zu einer Schmiede bringen, wo ein durch Gebläse angefachtes Feuer das Roheisen erneut anschmilzt und mit Kohlenstoff ein Amalgam bildet. In Stücken wird es auf einen Amboss gelegt und mit einem großen, von einem Wasserrad angetriebenen Hammer geschlagen, weichgeklopft und gefrischt *(stamping)*. Das Eisen zerbricht dabei in kleine Stücke, die von Frauen dicht an dicht in Tontöpfe gepackt werden. Diese Töpfe landen zusammen mit einem Tontopf voller kleiner Kohlebrocken in einem Flammofen, wo sie bei Maximalfeuer zweieinhalb Stunden brennen *(potting)*. Durch das Eintopfen wird verhindert, dass der Schwefel der Kohle mit dem Roheisen in Kontakt kommt. Nach dem Brand sind die Töpfe samt Kohle verschwunden. Mit einer Schaufel werden die Eisenstücke, die die Form der verschwundenen Töpfe beibehalten haben, erneut unter einem noch größeren Hammer zu einer Art

Balken geschmiedet, der so in den Verkauf geht (*bar iron*, Stangeneisen). Bei diesem Verfahren entscheidet letztlich die von den Hammerwerken ausgeübte intensive Bearbeitung über die Qualität des Schmiedeeisens. Deshalb war Watt so stolz auf seinen doppelt wirkenden Dampfhammer in Soho, der das Roheisen mit einem gegenüber einem vom Wasserrad angetriebenen sechs Mal größeren Gewicht 90 Mal in der Minute behämmern konnte, um den nach dem Frischen verbliebenen Restkohlengehalt des Eisens noch weiter zu reduzieren. Mit *stamping and potting* konnte nun auch Kohle mit einem höherem Schwefelgehalt, von den Arbeitern *stinkers* genannt, als die sonst bevorzugten schwefelarmen Kohleklumpen *(clod coal)* im Hochofen verbrannt werden.[65] Für das Heizen der Boiler der Dampfmaschinen waren die *stinkers* allemal gut genug.

Richard Hayman, der die Geschichte der Carnage-Brüder untersucht hat, glaubt eigentlich nicht an eine Erfindung, die man ausschließlich ihnen zurechnen könne. Er spricht von einer Veränderung der Praxis durch die Arbeit in den Eisenhütten, an der viele beteiligt gewesen sein müssten. Es sei wahrscheinlich, dass die Carnage-Brüder die Idee für ihre Innovation nur mit finanzieller Hilfe ihres Patrons Richard Reynolds patentieren lassen konnten, der die Hand mit einer etwas nebulösen Beschreibung auf eventuelle Weiterentwicklungen halten wollte. Eine Patentanmeldung kostete 70 Pfund, grob das Jahresgehalt eines Hüttenarbeiters.[66]

Mit dem Wechsel zur Kohle entfiel das spezielle Transportproblem der Holzkohle. Ihr Transport war teuer, weil voluminöser, weshalb ein gefüllter Wagen nur halb so viel wog wie ein mit Kohle gefüllter. Sie wurde selten weiter als fünf Meilen transportiert, weil sie sonst zu Staub zerfiel.[67] Solange in der näheren Umgebung genügend Holz vorhanden war, war das kein Problem, und solange es sich um einen nur langsam wachsenden örtlich begrenzten Markt handelte, auch nicht. Eine Produktionssteigerung größeren Ausmaßes war mit der Holzkohle schon wegen der Transportprobleme nicht zu machen.

Holzkohle wurde in Coalbrookdale als nachwachsender Rohstoff behandelt und aus 10- bis 20-jährigem Gestrüpp verkohlt. Die Charltons als einer der größten Landbesitzer der Gegend profitierten das ganze Jahrhundert hindurch nicht nur von der Pacht für die Kohleminen, sondern auch vom Verkauf dieses 20-jährigen Gestrüpps (coppices) für die Köhlerei, das auf für den Ackerbau untauglichen Böden wachsen konnte.[68]

Ab den 1750er-Jahren kam für die Charltons noch die Pacht für die Eisenerzgewinnung mit den Hochöfen von *Horsehay* hinzu.[69] Dieses Verhalten der landbesitzenden Gentry, sich bereitwillig durch Pachtverträge an den Profiten der Industrialisierung zu beteiligen, war in England und Schottland weit verbreitet, und es erklärt einen Teil der Geschwindigkeit, mit der sich Bergwerke und Hochöfen ungebremst ausbreiten konnten.

Flächen zur Gewinnung von Holzkohle in der Nähe von Hochöfen und Schmieden waren nicht unbegrenzt verfügbar. Richard Reynolds (1735–1816), der bei vielen Innovationen tonangebende Manager von Darbys *Ketley* Eisenhütten bei Coalbrookdale – er ergänzte 1767 als erster Holzschienen durch darüber gelegte Eisenschienen –, beendete daher die Abhängigkeit der Eisenhütten von der durch die Produktionssteigerungen ausgelösten immer kritischer werdende Versorgung mit Holzkohle, die zu einem Preisanstieg geführt hatte. Anders als im Allgemeinen wahrgenommen, war die Eisenindustrie eine der letzten, die Holzkohle durch Kohle ersetzte, aber sie war diejenige, die mit ihren Produkten die gesamte Gesellschaft umwälzen und auf eine neue Grundlage stellen wird. Glasmacher, Kupferschmelzer, Messinghersteller, Salzsieder, Färber, Brauer, Zuckerkocher und viele andere waren längst zu Kohle übergegangen. Der Hausbrand Londons mit seinen 500 000 Einwohnern war schon 1700 fast ausschließlich Kohle, und auch die Arbeiter der mit Holzkohle betriebenen Eisenhütten verfeuerten zuhause Kohle. Sie war billig und stand in den in die Tiefe getriebenen Bergwerkschächten anscheinend in beliebiger Menge zur Verfügung.[70] Der Markt für Kohle war bereits gut entwickelt, als nun auch die Eisenhütten ihren schnell steigenden Bedarf anmeldeten. Kohle wurde in der Umgebung von Coalbrookdale seit alten Zeiten aus kleinen Gruben oder Schächten gewonnen, deren Überreste noch heute zu sehen sind. Als die de la Rochefoucaulds in der Gegend waren, gab es Gänge von fast 10 Meilen Länge und Schächte von bis zu 300 m Tiefe, aus denen diese für die Eisenhütten bevorzugte schwefelarme Kohle gefördert wurde.[71]

Die Erzvorkommen nördlich der Kohlelager bestanden aus Crawstone (Raseneisenstein) und vor allem aus Pennystone (Eisenspat), beides Eisenkarbonate, die in Kohlelagern eingebettet vorkommen und vor dem Schmelzen sechs Stunden unter freiem Himmel mit Kohle vermischt geröstet werden müssen, um hochofenfähiges Eisenoxid unter Freisetzung von Kohlendioxid zu erhalten.[72] De la Rochefoucauld sah, wie die Eisenstücke durch das Rösten rot wurden. Es war das Rot des Minerals Hämatit oder Blutstein, das Eisenoxid in Form von Fe_2O_3 enthält. Der bevorzugte phosphorarme Pennystone schmolz nicht zu einem brüchigem Roheisen minderer Qualität, das für die Weiterverarbeitung zu Schmiedeeisen mit Koks nicht geeignet war.[73]

Nuno Luis Madureira macht eine interessante Rechnung auf, die eine Abschätzung der Energieeffizienz von Holzkohle und Kohle für die Eisenerzschmelze erlaubt.[74] Man bräuchte vier bis sechs Tonnen Holz, um eine Tonne Holzkohle zu produzieren, das heißt es gingen 60–90 Megajoule pro Kilogramm (16,7–25 Kilowattstunden) Energie verloren, bevor überhaupt mit der Eisenschmelze begonnen werden konnte. Die Holzkohle enthielt dann mit 29,5 Megajoule pro Kilogramm (8,2 Kilowattstunden) weniger als die Hälfte der ursprünglichen Energie des Holzes. Der Heizwert von Holzkohle und Koks ist annähernd gleich.

Um Koks zu erhalten, wurde die Kohle im Freien auf großen Haufen von Stroh und Baumrinde sechs Stunden lang gebrannt, wie es de la Rochefoucauld gesehen hat. Dabei entwichen Gase, überflüssige Bestandteile in den Worten de la Rochefoucaulds, und Schwefel. Es war ihm anscheinend nicht bewusst, dass aus diesen „überflüssigen Bestandteilen“, dem Rauch der Kohle, wie er ihn an anderer Stelle nennt, in einem von ihm beobachteten Verfahren Pech destilliert wird: „zwei Drittel sind Teer, eine Art entflammbares Wasser, wie Spiritus“. Durch Einkochen entsteht Pech.

Überflüssig waren die Bestandteile der Kohle nur im Hinblick auf ihre Verbrennung im Hochofen. Der Schwelbrand führte zu einer Bereinigung von Schwefel und anderen Bestandteilen. Koks war der saubere Kohlenstoff, nicht so sauber wie der der Holzkohle, aber rein genug, um in Hochöfen eingesetzt zu werden. Ende des 18. Jahrhunderts brauchte man zur Produktion einer Tonne Stangeneisen (Schmiedeeisen) acht bis neun Tonnen Koks, aber nur 4,3 bis 5,5 Tonnen Holzkohle. Bei gleichem Heizwert wurden rund 40 000 Kilowattstunden beim Schmelzen mit Holzkohle und annähernd doppelt so viel beim Schmelzen mit Koks für eine Tonne Schmiedeeisen an Energie verbraucht. Das entspricht heute dem zehn- bzw. zwanzigfachen Jahresverbrauch eines Vier-Personen-Haushalts in Deutschland – für eine Tonne Schmiedeeisen.

Abbildung 21: François Vivares, Upper Works in Coalbrookdale 1758, Ausschnitt. Rechts vier schwelende Kohlehaufen am Upper Furnace Pool, um Schwefel und Phosphor zur Herstellung von Koks auszutreiben. Auf dem sechsspännigen Wagen der Zylinder einer Newcomen-Dampfmaschine. Rauch steigt aus Darbys Hochöfen. © The Trustees of the British Museum.

Der höhere Bedarf an Koks bei vergleichbarem Heizwert resultierte zu rund 10 % aus der unvollkommenen Verbrennung seines Kohlenstoffs, während die Holzkohle ohne nennenswerte Asche und Schlackenbildung im Schmelzprozess verschwand. Der überwiegende Teil des höheren Energiebedarfs von Koks war dem aufwändigen Frischen beim Einsatz dieses minderwertigem Kokses in der Produktion von Schmiedeeisen geschuldet, der durch die einfache Verbrennung an der Luft entstanden war und immer noch Schwefelreste, Silikate und flüchtige Stoffe enthielt. Es dauerte hundert Jahre, bis die Koksverbrennung der Eisenhütten in England die Energieeffizienz der alten Holzkohleverbrennung erreichte.[75] Es fällt heute schwer, diese Verdoppelung des Wirkungsgrades als großen Fortschritt zu werten, weil sie einen ungebremsten Produktionsanstieg erleichterte, sich im gleichen Zeitraum der Ausstoß von Roheisen von 30 000 Tonnen auf 4 Millionen Tonnen im Jahr vervielfachte und mit ihm der Eintrag von Kohlendioxid in die Atmosphäre.[76]

Das mit Koks gewonnene silikathaltige Roheisen musste im *potting and stamping*-Prozess sehr intensiv mit dem Hammer bearbeitet und in einem Frischofen noch einmal Temperaturen von über 1000° C ausgesetzt werden, bis alle Verunreinigungen beseitigt und die Kohle bis auf einen kleinen Rest verbrannt war. Der erhöhte Energieeinsatz rechnete sich nur, weil Kohle, vor allem in Coalbrookdale, ohne nennenswerte Transportkosten erheblich billiger als Holzkohle und in großen Mengen verfügbar war. Die Rechnungsbücher von *Horsehay* lassen etwas von den mit der Zunahme der Schwertransporte verbundenen Problemen erahnen, die die Eisenhüttenbetreiber beim Ersatz der Holzkohle durch Koks lösen mussten.

Der Standort *Horsehay* wurde 1753 von Abraham Darby II von Coalbrookdale und einem Partner aus Bristol ausgewählt, um fünf Kilometer näher an den größten Reserven für Eisenerz zu sein. In der Nähe von Wellington zehn Kilometer nördlich von *Horsehay* gab es außerdem Kohle, Kalkstein und Sand: Kalk als Flussmittel beim Schmelzen, Sand für die Gussformen.[77] Mit dem Bau eines zweiten Hochofens für Koks und der Ausdehnung der Produktion auf Schmiedeeisen musste das dafür geeignete phosphorarme Eisenerz jetzt statt nur von den nahen *Lawley* und *Dowley*, von wo auch die bessere Kohle für Koks herkam, aus *Donnington Wood* und *Wrockwardine Wood* herbeigeschafft werden, obwohl diese Lagerstätten nicht durch einen Schienenweg angebunden und die Transportkosten viel höher waren.[78] Mit phosphorarmem Erz war es möglich, aus Roheisen Schmiedeeisen von ausreichender Qualität am selben Standort zu produzieren. Dafür wurden anscheinend eine Standortverlegung, hohe Investitionen in Öfen, Gebläse und in einen Schienenweg zu den *Lincoln Hills* mit Inclined Plane (schiefe Ebene) zum Severn hinunter in Kauf genommen. *Horsehay* war mit einer 4,4 Kilometer langen Wasserstraße erst 1792 über den neuen Shropshire Kanal in Coalport mit dem Severn verbunden.

Die Suche nach geeigneten Quellen für Eisenerz und Kohle wurde von strenger Kostenkalkulation für die Rohstoffversorgung begleitet. 1760 zum Beispiel kostete das Schürfen von 2,2 Tonnen Erz („a dozen of ironstone") in *Lawley* und *Dawley* 126 pence, in *Donnington* und *Wrockwardine* 132 pence. Zehn Jahre später waren nicht *Lawley* und *Dawley* die billigste Quelle für Erz, sondern *Park*. Dazu kam der Transport dieser 2,2 Tonnen Erz: von *Lawley* 20 pence und von *Park* 18 pence. Auch hier war *Park* im Vorteil.[79] Grob überschlagen mussten rund 15 % der Schürfkosten von Eisenerz für seinen Transport über unbefestigte Wege zur Hütte von *Horsehay* hinzugerechnet werden.

Der Kohletransport war mehr als doppelt so teuer wie der Transport von Erz. Er war voluminöser, weshalb ein mit Kohle befüllter Wagen nur höchstens die Hälfte des mit Eisenerz befüllten auf die Waage brachte.[80] Daher kostete der Kohletransport 24 pence pro Tonne, nur rund 10 pence pro Tonne der Transport von Eisenerz. Der größte Effekt zur Kostensenkung war vom Kohletransport zu erwarten. Er brauchte die meisten Pferde und die meisten Fuhrleute. Kohle in Form von Koks bei der Beschickung des Hochofens einzusparen war nicht möglich. Ein großes Potenzial zur Einsparung von Kohle lag bei der Dampfmaschine, wie eine Überschlagsrechnung für *Horsehay* zeigt:

Im Schnitt der Jahre 1755 bis 1774 wurden 8,6 Tonnen Kohle für die Produktion von einer Tonne Eisen gebraucht, davon gingen mit zwei bis drei Tonnen rund ein Viertel auf das Konto der Boiler der großen Newcomen-Dampfmaschine. Eine Verdoppelung ihres Wirkungsgrades würde ihren Verbrauch auf 1 bis 1,5 Tonnen und die Gesamtkosten für Kohle um 12 bis 17 % gesenkt haben. Das hätte auch zur Einsparung von Fuhrleuten und Pferden geführt. Ein Wagen transportierte 1,5 stacks = 2,6 Tonnen Kohle.[81] Durch die Erhöhung der Eisenproduktion mit ihren voluminösen Schwertransporten gerieten der Wirkungsgrad der Dampfmaschinen und der Wirkungsgrad des Transports auf Wegen, Schienen und Kanälen zwangsläufig in den Fokus der Eisenhüttenbetreiber (siehe nächstes Kapitel).

Rund zwei Drittel der Kosten für die Produktion von Roheisen entfielen auf die Rohstoffe Kohle, Erz und Kalk, ein Drittel auf Arbeitskosten für den Betrieb des Hochofens und der Dampfmaschine und fürs Verkoksen. Innerhalb dieser sieben Jahre sind die Kosten für Kohle leicht gestiegen und für Eisenerz deutlich gefallen, möglicherweise wegen der Verwendung von Erzen mit einem höheren Eisengehalt. Gestiegen ist auch der Unterhalt für Schienenwege, gefallen sind die Löhne trotz Arbeitermangel.

Anders als in Gegenden, wo die Textilindustrie Heimarbeiter in die Massenarbeitslosigkeit trieb, gab es in der boomenden Eisenindustrie nie genug Arbeiter, vor allem nie genug erfahrene. Über die vertrackte Situation anlässlich des Anblasens des ersten, mit Koks befeuerten Hochofens von *Horsehay* 1755 schrieb der Kohlehändler William Ferriday: „Sie heuern jeden an, den sie treffen, von jeder Art und Größe, alt oder jung,

Cost of Making 1 Ton of Pig Iron							
Item		1767			1774		
		£	s.	d.	£	s.	d.
Coal		1	7	6	1	9	2¼
Ore		1	8	10	1	1	11
Limestone			1	5		1	5
Coking			2	6¼		1	7
Ore roasting and slag tipping				7½			4¾
Limestone: breaking and weighing				5½			5½
Furnace operation:	Keepers, one each 12-hour shift per furnace		1	1½		1	0
	Fillers, do.			6¾			5¼
	Coke fillers for night shift, 1 each per furnace			5			4½
	Stockers, 1 each per furnace			6¼			5½
Totals	"Tending the machine," 1 man			2½			1¾
1767: 6s. 11¾d.	Wheeling cinders and dust, 1 man			2¾			2
1774: 6s. 5½d.	Labourers		1	8½		1	0
	Fire engine (4 March 1767; 9 March 1774)			11¾		1	6
	Railway maintenance			6			9
	Keepers for weighing pigs			3			3
	Baskets			3¾			3½
	Miscellaneous			2			1
	Total	£3	8	4	£3	1	5

Abbildung 22: Tabelle der Kosten, um eine Tonne Roheisen in Horsehay zu produzieren. Nach der Tabelle sanken die Kosten pro Tonne Roheisen von 3 £ 8s.4d. im Jahr 1767 auf 3 £ 1s.5d. im Jahr 1774. Darin enthalten: Kohle mit einem Anteil von 47 %, Eisenerz mit 36 %, Arbeitskosten für Keepers (Aufseher); Fillers (Auffüller); Coke Filler Nachtschicht (einer je Ofen); Stockers (Lagerarbeiter, ein Mann je Ofen); Tending the machine (Maschinenwärter) ein Mann; wheeling cinders and dust (Fahrer für Asche und Schutt) ein Mann; labourers (ungelernte Arbeiter). Dampfmaschine, Schienenunterhaltung, Keepers for weighing pigs (Aufseher über das Wiegen von Roheisen); Baskers (Korbträger); Verschiedenes. Außerdem und in der Liste nach Höhe der Kosten nicht aufgeführt: Maintenance (Instandhaltung); Rent (Pacht); Management; overhead charges (Gemeinkosten). Mott, a. a. O., S. 283.

keiner entkommt ihnen".[82] Obwohl die Population zwischen 1711 und 1760 von 11 500 auf 20 000 vor allem durch Wanderarbeiter gestiegen war und bis Ende des Jahrhunderts weiter auf 34 000 steigen wird, blieb der Mangel an Arbeitern ein ständiges Problem der stark expandierenden Eisenindustrie.

Die Fertigstellung eines zweiten Hochofens in *Horsehay* war im Mai 1757 mit einem opulenten Fest gefeiert worden, für das die Darby-Familie den 300 „poor folks" eine fette Kuh, ein fettes Kalb und zehn große Puddings mit Früchten spendierte, wie Darbys Frau erzählte. Alles zusammen wurde auf Schienenwagen herangeschafft.[83] Ihr saßen noch die Unruhen in den Knochen, die ein halbes Jahr vorher in fast der gesamten Region unter den Berg- und Minenarbeitern ausgebrochen waren, weil sie im

Umkreis kein bisschen Brot, kein Mehl oder Weizen zu den üblichen Preisen bekommen konnten.[84] Tausende Morgen Acker waren in England nicht eingesät worden. Der Sommer 1756 war europaweit der nasseste Sommer seit Menschengedenken, und inzwischen gab es in den Fabriken und Städten Millionen landwirtschaftlicher Nicht-Produzenten, die mit versorgt werden mussten und das labile Gleichgewicht von Produzenten und Mitessern in einzelnen Regionen ungeheurem Stress aussetzten. Mancherorts verdoppelte sich der Weizenpreis. Getreideausfuhren wurden nach einem weiteren schlechten Erntejahr erst 1757 verboten und Importe von Zoll befreit. Schnapsbrennen aus Weizen war verboten,[85]

Es wurde mit der Zerstörung der *Coalbrookdale Ironworks* durch die aufgebrachten Arbeiter gerechnet. Ihr Aufstand wurde von einem 1500 Mann starken Trupp aus Farmern und deren Arbeitern unter der Führung lokaler Behörden niedergeschlagen, zwei Aufständische erschossen und die Rädelsführer gefangen genommen. Aber das Ziel bezahlbarer Preise war erreicht worden. Die Landbesitzer verpflichteten sich, ausreichend zu liefern, und die Behörden, die Preise zu kontrollieren. Darby hatte die Signale verstanden und investierte in eigene Landgüter. Er kümmerte sich um die Freilassung der vier zu vierzehn Jahren Verbannung Verurteilten mit der Begründung, es seien gute Arbeiter, die für die Hütten gebraucht würden.

Der zweijährige Weizenmangel und die Unruhen, bei denen sich die oft zugewanderten Arbeiter der Hütten- und Bergwerke blutige Gefechte mit alteingesessenen Farmern und deren Landarbeitern lieferten, zeigten das angespannte Verhältnis zwischen einer immer mehr Flächen beanspruchenden expandierenden Industrie und einer Landwirtschaft, deren Erträge trotz stetiger Steigerung nur im Normalfall zur Versorgung einer wachsenden Bevölkerung ausreichten. Die landwirtschaftlichen Steigerungsraten waren in der zweiten Jahrhunderthälfte besonders hoch, vor allem beim Rindfleisch, was die Beobachtung de la Rochefoucaulds von bestes Fleisch bevorzugenden Hüttenarbeitern stützt und die Rinderzucht eng mit der expandierenden Eisenindustrie verknüpft.[86] Der amerikanische Agronom Arthur Young beobachtete bei seiner Reise durch Shropshire im Sommer 1776 in der Nähe von Coalbrookdale mit Erstaunen Methoden des Abstillens von Kälbern und der Zufütterung von gehacktem Stroh für die Rinder als Ausdruck einer intensivierten Rinderzucht, und er sah Ochsen, die die Pferde beim Pflügen nach und nach verdrängten. Ochsen wurden drei- bis fünfjährig geschlachtet.[87] Altes Pferdefleisch wollten die Hüttenarbeiter nicht.

Der gefeierte Ofen in *Horsehay* wurde mit Koks betrieben, wie auch schon der erste zwei Jahre zuvor. Beide Öfen haben den Beweis für die Überlegenheit des Verbrennens von Koks gegenüber der Holzkohle erbracht. Der Preis für Roheisen war in den Jahren vorher von den hohen Kosten für Holzkohle bestimmt gewesen. Sechs „cords" Holzkohle wurden für eine Tonne Eisen gebraucht. Das ist mit einem Volumen von fast 28 m^3 annähernd doppelt so viel wie das Transportvolumen für Koks.[88] Kosten für Köhlerei und Transport summierten sich auf 6 £ 10s. 6d. pro Tonne Eisen, verglichen mit nur 1 £ 10s. für Kohle. Der Unterschied war so groß, dass den Unternehmern gar nichts anderes übrig blieb, als auf Koks umzusteigen und die hohen Investitionskosten für Hochofengebläse und Transportwege in Kauf zu nehmen.[89]

Vorausgegangen waren in *Horsehay* Investitionen in die Wasserkraftanlagen mit einem System von Teichen und in die Sicherung ihrer Dämme, die die Landschaft völlig umkrempelten, und über die der Kohlehändler Ferriday naserümpfend von einer seltsamen Arbeit sprach und ihr Scheitern prophezeite.[90] Wo kommen die 20 £ die Woche her, die diese Arbeiten angeblich kosteten, fragte er. Die Frage lässt sich aus obiger Aufstellung beantworten. Die Produktion einer Tonne Roheisens kostete etwas über 3 £, verkauft wurde sie für wenigstens 6 £. Es waren Investitionen in eine Zukunft mit der Hoffnung auf 50 % Profit. In den ersten fünf Jahren wurden 12 bis 17,5 Tonnen Roheisen pro Woche produziert. Das wäre nach obiger Rechnung ein Profit von 36 bis 52,5 £. pro Woche In den folgenden neun Jahren, zwischen 1767 und 1774, waren es schon 19 bis 26 Tonnen pro Woche mit einem wahrscheinlichen Profit von 57 bis 78 £.[91] Die Darbys konnten ihre Expansion demnach aus Eigenmitteln finanzieren und durch Pachtverträge für Minen und Land und den Kauf von Ländereien die gesamte Produktionskette in ihren Betrieb integrieren. Mit langjährigen Verträgen haben sie Transportunternehmer an sich gebunden. Darbys Frau 1757, zum Zeitpunkt der Inbetriebnahme des zweiten Hochofens in *Horsehay*: „Mein Mann hat ein Vergnügen daran, Geld auszugeben, und wann er damit aufhört, weiß ich nicht".[92] Der Quäker Darby gab das Geld nicht für Vergnügungen aus, sondern für Investitionen in seine expandierenden Eisenhütten.

Abraham Dary II und III konnten diese Wette auf die Zukunft nur eingehen, weil sie sich zur gleichen Zeit um die Lösung der schwerwiegenden Transportprobleme kümmerten. Dazu gehören die 1779 eröffnete Ironbridge über den Severn bei Coalbrookdale, der Kauf und Ausbau der *Sunniside Farm* oberhalb des Upper Furnace Pool mit Anschluss über die schiefe Ebene der *Lincoln Hills* an den Severn, und der in den 1750er-Jahren gebaute Schienenweg von *Horsehay* dorthin.

Zugpferd, Schienenweg, Kanal

Die mit der Zunahme von Schwertransporten verbundene industrielle Expansion traf das seit Jahrhunderten nahezu unverändert gebliebene Wegenetz einer Agrargesellschaft wie einen Schock. Auf den meist unbefestigten Straßen müssen sich wahre Horrorszenarien mit erregten Pferden und durchgedrehten Fuhrleuten abgespielt haben, wenn vier- bis achtspännige Wagen, beladen mit Kohle, Erz oder Stangeneisen, in ausgefahrenen Schlammwegen mit Achsenbruch stecken blieben oder umkippten oder bei Gegenverkehr mit Ausweichmanövern auf die Äcker der Bauern Ernteschäden verursachten. Dieser Zustand war für dynamische Unternehmer ganz unerträglich, und er brachte die verschiedenen Nutzer gegeneinander auf. Die Eisenhütten- und Bergwerksbetreiber packten selber an.

Die Beschleunigung der Transportwege verschlangen Unsummen, die von den Unternehmern nach Interessenlage und in wechselnder Zusammensetzung aufgebracht wurden. Auch die genannten Richard Reynolds und John Wilkinson waren an den Fonds beteiligt, wenn der Shropshire-Kanal mit aufwendigen Tunnels und schiefen Ebenen zur Überwindung von Höhenunterschieden ausgebaut werden sollte. Zielpunkte lagen am Fluss Severn, über den ihre Produkte flussabwärts nach Bristol und den 1789 fertiggestellten Severn-Themse-Kanal nach London in speziell angepassten Booten verschifft wurden. Die Befestigung von Straßen, der Bau von Schienenwegen und Brücken ergänzten ein ausgeklügeltes Netz, dessen Ausgestaltung die Lage der Bergwerke, der Eisenhütten und Tongruben widerspiegelten. Mit dem Einstieg der Unternehmer in den Straßen- und Kanalbau erweiterte sich ihre betriebswirtschaftliche Kostenkalkulationen auf die gesamte Lieferkette, eine Voraussetzung für das Erschließen entfernter Märkte. Die Erweiterung erfolgte nicht nach altem Muster, sondern war mit einer grundlegenden technologischen Umgestaltung zur Beschleunigung und Verbilligung des Transports verbunden: *Ironbridge,* Eisenschienen, Radkranzräder, gusseiserne Achsen, Schotterwege, Schleusen, Kanaltunnel, schiefe Ebenen, Eisenboote.

Abraham Darby III (1750–1791) aus der legendären Quäkerfamilie, die die Eisenverarbeitung revolutionierte, betrieb deshalb auch Farmen in

Madeley, Sunniside (Coalbrookdale) und die sehr großen *Hay Farms*, um sich mit den vielen Pferden zu versorgen, die er für den Betrieb der Ironworks und den Transport benötigte.[93] Die *Sunniside Farm* lieferte die Pferde, die beiden anderen Getreide, Kleie, Hafer und Heu. Mit dem Getreide wurden die Arbeiter versorgt, und Darby sicherte sich einen Einfluss auf den lokalen Getreidemarkt. Es wurden Obstbäume gepflanzt und Vieh beschafft. Er verkaufte Schafe, Pferde, Weizen, Gerste und Rinde zum Gerben des zur Abdichtung für Gebläse und Zylinder benötigten Leders. Durch den Landbesitz war es leichter, an Wegerechte zu kommen. Er wurde mit den Farmen *Sunniside* und *Hay Farms* dort erworben, wo der Anschluss der Schienenwege von den Eisenhütten an den Fluss Severn über schiefe Ebenen am besten zu verwirklichen war.[94]

Darby brauchte für seine Eisenhütten nicht nur die Energie der Kohle und Holzkohle, sondern auch die lebendige Energie der Pferde und Arbeiter. Jedes eingesparte Pferd erhöhte die zur Ernährung der Menschen einsetzbare Fläche. Jedes eingesparte Pferd trug zur Verminderung der Zahl der Knechte und damit der Esser bei, die er mit seinem Getreide und seinem Fleisch zu versorgen hatte. Mensch und Pferd als nachwachsende Arbeitsmaschinen brauchten nachwachsende Rohstoffe, deren Flächenbedarf miteinander und auch mit dem Bedarf an Holzkohle konkurrierte, wenn er Ackerland beanspruchte. Bei wachsender Bevölkerung behinderten die begrenzten natürlichen Ressourcen Produktionssteigerungen in der energieintensiven Eisenindustrie. Die betriebseigenen landwirtschaftlichen Betriebe konnten über ihre Preise die Löhne niedrig halten und die Transportkosten senken. Sie konnten soziale Spannungen mindern, weil Darby die Preisschwankungen des lokalen Marktes glättete und für stabile Brot- und Fleischpreise sorgte.

Im Sommer verbringen die Pferde die meiste Zeit auf der großen Weide. Die erforderliche Weidefläche beträgt etwa ein Viertel Hektar pro Pferd. Für die Produktion von Winterheu ist zusätzlich ein Viertel Hektar erforderlich. Ein kleines Fußballfeld für ein Pferd pro Jahr. Ein ähnlicher Flächenbedarf besteht für Kühe. De la Rochefoucauld betont den großen Wert, den die Arbeiter der Berg- und Hüttenwerke auf gutes Fleisch gelegt haben. Kurz: je mehr Pferde, desto weniger Kühe. Die Bergwerksbetreiber und Hüttenbesitzer hatten mit der Erhöhung der Anzahl ihrer Beschäftigten ein steigendes Interesse an der Reduzierung der Zahl ihrer Pferde. In Coalbrookdale waren daher mit dem immer tieferen Abteufen des Kohleabbaus längst die althergebrachten Pferdegöpel durch Wasserrad und Newcomen-Dampfmaschinen ersetzt worden, die die Wasserpumpen der Schächte und die Förderseile antrieben. Je tiefer die Schächte, desto mehr Pferde waren für die Wasserhaltung mit dem Betrieb durch Göpel erforderlich, was Georg Agricola schon zweihundert Jahre vorher für ein Pumpwerk im Harz demonstriert hatte. Noch tiefere Schächte verdreifachten die notwendige Anzahl an Pferden (Abbildung 23, S. 78).

Der Wirkungsgrad eines Pferdes beträgt rund 25 %, gemessen am Brennwert der aufgenommenen Nahrung und der erbrachten Leistung, der Wirkungsgrad eines unterschlächtigen Wasserrades liegt je nach Wasserzufuhr bei 15 bis 30 %, der eines oberschlächtigen bei 50 bis 70 %, und der einer frühen Newcomen-Dampfmaschine betrug weniger als 1 %.[95] Der Wirkungsgrad eines Zugpferdes lässt sich erhöhen, wenn man ihm das Ziehen erleichtert. Einige Testergebnisse um 1800 zeigen das große Potenzial solcher Maßnahmen: danach konnte ein Pferd 8 Tonnen Ladung auf einer ebenen eisernen Schiene ziehen, 5/8 Tonnen auf einer weichen Straße, auf einer geschotterten 2 Tonnen und auf dem Treidelpfad eines Kanals 50 Tonnen. Ein Packpferd trug 1/8 Tonne. Oder anders ausgedrückt: Auf der Schiene war der Wirkungsgrad eines Zugpferdes vier Mal höher als auf einer geschotterten Straße, als Zugpferd eines Bootes auf dem Treidelpfad eines Kanals sogar fünfundzwanzig Mal höher.

Die Bergwerk- und Hüttenbetreiber mussten sich entscheiden: Der Bau eines Schienenwegs kostete halb so viel oder nur ein Drittel des Baus eines Kanals für schmale Boote wie den Shropshire-Kanal.[96] Allerdings waren, verglichen mit dem Transport auf dem Severn, die Kosten für den Straßentransport um ein Vielfaches höher. Für die 45 Meilen Straße von Coalbrookdale nach Ashbourne zahlte man für einen Zentner 3 shilling, 6 pence, für die 80 Meilen auf dem Severn nach Bristol für eine Tonne, der zwanzigfachen Menge, 7 shilling 6 pence, nur wenig mehr als das Doppelte.[97] Welcher Investition der Vorzug zu geben war, entschieden Machbarkeit und Folgekosten und letztlich die Bereitschaft der Betreiber, hohe finanzielle Risiken einzugehen. John Wilkinson jedenfalls hatte sich für den Kanalbau entschieden. An beiden Seiten seiner Betriebe in Bilston bei Wolverhampton liefen Kanäle vorbei. „Die Fracht seiner Güter kostet nicht viel“, bemerkte de la Rochefoucauld.

A
A
E
F
D
H
G
H
C
C
C
C
C
C
B

Abbildung 23: Pferdegöpel im Harz. Georg Agricola, De re metallica libri XI. Basel 1556. Sechstes Buch. Die Pferde drehen am Balkenkreuz mit dem hier am Boden liegenden Schirrzeug den senkrechten Balken A, der fest mit einem Noppenrad verbunden ist. Seine Drehung wird über ein Getriebe und einen Kettenkorb auf die Pumpe übertragen. Agricola spricht von einem 240 Fuß (ca. 70 Meter) tiefen Schacht, aus dem das Wasser mit insgesamt 32 Pferden rund um die Uhr gepumpt wird, um das Absaufen der Gänge zu verhindern, Je acht Pferde arbeiten vier Stunden lang, dann ruhen sie für zwölf Stunden aus. Um die tiefen Schächte von Schemnitz in den Karpaten (Banská Štiavnica/Slowakei) auszupumpen, waren drei Göpel auf verschiedenen Etagen mit insgesamt 96 Pferden im Einsatz.

Anfang des 18. Jahrhunderts waren die Straßen in sehr schlechtem Zustand, viele nach Regen selbst im Sommer nicht passierbar. Der Transport erfolgte mit unzähligen Packpferden. Die Unternehmerklagen nahmen zu, als sie ihre Transporte von Fuhrleuten erledigen ließen und durch den *Broad Wheel Act* von 1753 die Zahl der Pferde auf vier an Wagen und auf drei an Karren beschränkt worden war, wenn sie nicht breite Räder hatten, die ein Versinken im Matsch verhinderten. Mit dem *Broad Wheel Act* wurden vor allem diejenigen ausgebremst, die ihre tonnenschweren Ladungen im tiefgründigen Boden der Wege mit sechs- bis achtspännigen Karren auf schmalen Rädern vorwärts peitschten und stecken blieben und den Transport zu einer Schlammschlacht mit ungewissem Ausgang machten.

Eine Antwort auf die Misere sollten die Zollstraßen sein. Für deren Bau und Unterhalt sorgten die Betreiber der Bergwerke und Eisenhütten. Alle, die Rang und Namen hatten, waren an den Trusts beteiligt.[98] Die Einnahmen aus der Maut landeten anscheinend als Zins und Tilgung bei den Investoren statt im Unterhalt der Wege. De la Rochefoucauld musste erleben, dass die Zollstraße nach Birmingham genau so schlecht wie die anderen war. Auf dem Gemälde von William Williams 1777 Coalbrookdale Afternoon sieht man neben den Teichen, der Newcomen-Maschine, die das Wasser zurückpumpt, und rauchenden Kohlehaufen zum Verkoksen auch den jämmerlichen Zustand der Straße mit tief ausgefahrenen Furchen (Abbildung 24, S. 80).

Unter solchen Bedingungen waren große Steigungen für Schwertransporte in den Abhängen beidseits des Severn nahezu unüberwindbar. Die Hütten- und Bergwerksbetreiber haben sich mit einer Art Schrägauf-

Abbildung 24: William Williams, Afternoon View of Coalbrookdale 1777. Öl auf Leinwand 100 x 123,7 cm. Shrewsbury Museum and Art Gallery.

zug über eine schiefe Ebene eine Lösung einfallen lassen, die sogar das Umladen der tonnenschweren Ladungen vermied und das Abseilen mit dem Hochziehen verband. Von *Great Hay* am Ende des East Shropshire-Kanals 63 Höhenmeter hinunter nach Coalport am Fluss Severn gab es seit 1792 eine über 100 m lange schiefe Ebene (*Hay Inclined Plane*), auf der die im Kanal genutzten, mit fünf Tonnen beladenen speziellen Rohrboote (tube boats) auf Schienen abgeseilt und im Gegenzug Waren von Coalport hoch transportiert werden konnten (Abbildung 25).[99] Sie blieb bis 1892 in Betrieb. Der Kanal verband das *East Shropshire Coalfield* mit dem Severn, auf dem die Kohle nach Bristol oder im Severn-Themse-Kanal nach London verschifft wurde. Diese schiefen Ebenen bedeuteten in den Hängen des Coalbrookdales eine bedeutende Erleichterung des Transports und eine Erhöhung seiner Geschwindigkeit. Mit einer ausgeklügelten Mechanik zog ein Wagen mit Ladung beim Abwärtsfahren an verbundenen Seile den unteren Wagen nach oben.

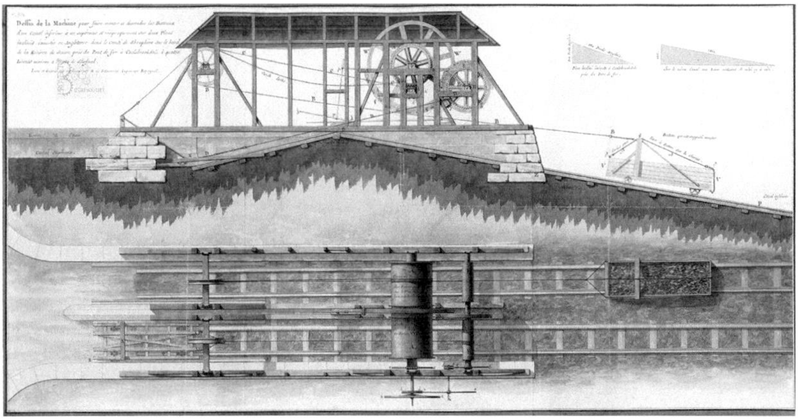

Abbildung 25: Hay Inclined Plane. Zeichnung von Augustín de Betancourt (1758–1824). Manuskript 1796, am Ende seines dreijährigen Englandaufenthalts. Es ist sehr wahrscheinlich, dass der von den Kanaren stammende Ingenieur Betancourt als Mitarbeiter von William Reynolds, dem Sohn von Richard Reynolds, an der Verwirklichung der schiefen Ebene beteiligt war.[100] Bei dem Transportwagen handelt es sich um ein auf ein fahrbares Gestell geschobenes Rohrboot (tube boat). An den Enden der schiefen Ebene, oben der East Shropshire-Kanal, unten der Severn, musste deshalb nicht umgeladen werden. Investitionskosten 2742 £, annähernd der Profit aus 900 Tonnen Roheisen, die Jahresproduktion eines Hochofens in Horsehay. Aus: José Ignacio Rojas-Sola und Eduardo De la Morena-De la Fuente, The Hay Inclined Plane in Coalbroodale (Shropshire, England): Geometric Modelling and Virtual Reconstruction. Symmetry 2019, 11, 589 PDF.

Eine andere Linie über eine schiefe Ebene mit Eisenschienen von Coalmoore erreichte Coalbrookdale von den *Lincoln Hill*-Tonfabriken. Sie wurde auch für Transporte auf dem Schienenweg von *Horsehay* zum Severn benutzt. Diese schiefe Ebene von 112 yards Länge hat der Agrarwissenschaftler Arthur Young 1776 beschrieben.[101] Die schiefen Ebenen waren in der Regel integrierter Bestandteil eines Kanalsystems zur Überwindung der oft bedeutenden Höhenunterschiede in der hügeligen Landschaft von Shropshire. Auf einer Karte der verzweigten Kanäle von East Shropshire sind sieben schiefe Ebenen und fünf Kanaltunnel verzeichnet.[102]

Die Klagen über verschlammte, ausgefurchte Straßen und eingeschränkte Mobilität waren die Begleitmusik eines regen Handels über immer grö-

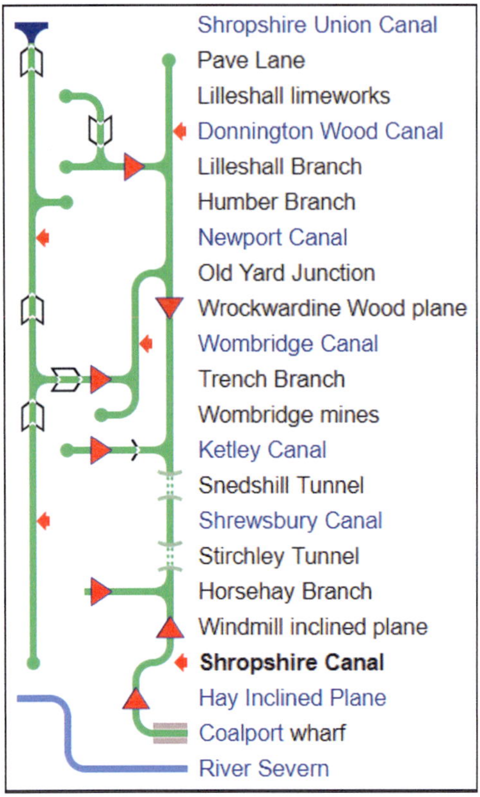

Abbildung 26: Shropshire Tube Boats Canals. Das Schema der mit Tube Boats (schmalen Booten) betriebenen Wasserwege zeigt drei Inclined Planes (rote Dreiecke) und drei Tunnels (unterbrochene Linie) von je ca. 250 m Länge. Die Hauptlinie war 12,5 km lang, der im Schema unten zu sehende Abzweig Horsehay Branch 4,4 km. Baubeginn der Hauptlinie 1788, Fertigstellung 1792. Einige Abzweige wie der nach Ketley samt Inclined Plane bestanden schon vorher. Um Wasserverluste beim Betrieb des Kanals und der Inclined Planes auszugleichen, wurden auch Speicherteiche eingeplant. Initiator der Hauptlinie der Tube Boats Canals war William Reynolds, das Kapital der Gesellschaft betrug 62 500 £ in 500 Anteilsscheinen. Davon zeichneten Richard Reynolds 6000 £ und John Wilkinson 5500 £. Wikipedia Shropshire Canal.

ßere Strecken, mit Schwertransporten von Rohstoffen für die Hütten, mit Fertigprodukten der Gießereien und mit Schmiedeeisen zur Stahlveredelung nach Birmingham. Eine anonyme Streitschrift ging das Problem des Überlandtransports schon 1756 mit wissenschaftlicher Begründung an. Die Schrift war offensichtlich als Vorbereitung zu einer parlamentarischen Initiative gedacht, die im oben erwähnten *Broad-wheel Act* vom 19. September 1761 gipfelte: kein Karren, Wagen, Rollwagen oder ein Wagen mit veralteten Rädern von geringerer Breite als drei inches (7,6 cm) darf auf irgendeiner Landstraße dieses Königreiches gefahren oder benutzt werden.[103] Der *Broad -wheel Act* sah 5 £ Strafe für diejenigen vor, die auf Zollstraßen nicht mit breiten Rädern unterwegs waren.

Der *Broad-wheel act* war ein bisher beispielloser staatliche Eingriff zur Regelung eines nicht mehr beherrschbaren Verkehrschaos.

Fünf Jahre vor Verabschiedung des *Broad-wheel Act* versuchte der Anonymos, allen Benutzern, den Bauern, den Transporteuren, den Reisenden mit Postkutschen, der Land-Gentry und den Vergnügungsreisenden die Vorteile breiter Räder mit humorvollen Verständnis für das zähe Beharren auf alten Gewohnheiten. schmackhaft zu machen, wie zum Beispiel dem Farmer:

„Unsinnige Gesetze", sagt der Farmer ... Aber wenn der Farmer geruht, es zu versuchen, besonders auf seinem weichen Wiesenland, wird er finden, dass zwei Pferde eine Ladung Mist mit breiten Rädern vorwärts ziehen wie es vier mit schmalen Rädern tun, und ohne irgendeinen Schaden für die Wiesen".[104]

Mit einem kleinen Modell, das im Maßstab Fuß zu Zoll ausgeführt und mit fünf Pfund beladen war, demonstrierte er auf verschiedenem Untergrund die dafür notwendige Zugkraft (Abbildung 27).

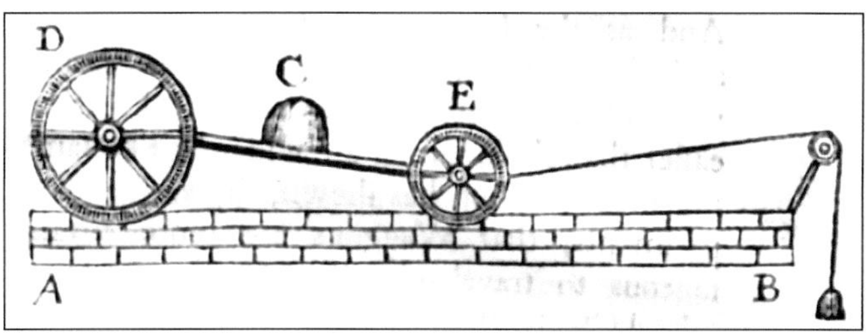

Abbildung 27: Modell zur Bestimmung der Zugkraft auf verschiedenem Untergrund. Aus der besprochenen Schrift des Anonymos, S. 25.

Elf Jahre später beschäftigte sich auch Robert Whitworth (1734–1799), der wichtigste Kanalbauer Englands, mit den breiten Rädern und den desillusionierenden Erfahrungen in der Umsetzung des *Broad-wheel Act*. Er war verantwortlich für die Verbindung des Severn mit der Themse und hatte sein Handwerk unter dem Ingenieur John Smeaton und dem Kanalbauingenieur James Brindley gelernt. Der *Broad-wheel Act* sei zwar missverständlich formuliert, schreibt er, so dass die Nutzer an den Regeln verzweifelten, aber breite Räder seien die bestmögliche Erfindung zur

Vermeidung tiefer Furchen in den Straßen.[105] Dann zählte er einen Wust von Regeln des *Broad-wheel Act* mit zahlreichen Ausnahmen auf, die kein Mensch einhalten oder verstehen könne, und beklagte die Untätigkeit der Straßenmeister in vielen Grafschaften, die keinen Finger rührten, um tiefe Furchen aufzufüllen und die Straßen passierbar zu halten. Ein wichtiger Grund für den Widerstand gegen Wagen mit breiten Rädern seien die Kosten. Die Wagen waren so teuer wie ein Jahreseinkommen der Bauern. Und wie sollten sie mit ihnen auf den schmalen, von Hecken beengten Pfaden seines Landes mit drei oder vier kleinen Pferden zum Markt fahren, die kaum einen leeren Karren ziehen könnten?

Statt Bauern mit unerfüllbaren Forderungen zu drangsalieren oder ihnen zu sagen, sie sollten eben größere Pferde kaufen, was sie nicht könnten, sei es besser, das Augenmerk auf das Gewicht der Ladung zu richten, es für Wagen mit breiten Rädern auf vier Tonnen, mit schmalen auf drei Tonnen zu beschränken und die Anzahl der Zugpferde den Fuhrtreibern zu überlassen. Denn, je schneller ein Wagen rollt, desto geringer der Druck, der auf der Straße lastet. Eine Begrenzung der Anzahl der Pferde und damit der möglichen Geschwindigkeit des Transports mache physikalisch keinen Sinn.

Whitworth verlangte eine staatliche Zertifizierung der Wagenbauer, ihre Vereidigung, eine Stempelurkunde und das Führen von Lieferlisten. Hier taucht also erstmals der Gedanke einer Zulassungsbehörde für Fahrzeuge auf, die die Beteiligten in die Pflicht nahm, staatliche Vorgaben und technische Standards einzuhalten. Darüber hinaus plädierte Whitworth für eine Verbreiterung der Wagenachsen, „so dass zwei Wagen nie einander in derselben Spur folgen“, mit einer Kontrolle der Reihenfolge der Benutzer durch den Verantwortlichen für die Straßen, mit hohen Strafen bei Zuwiderhandlung, mit Überprüfung der Breite der Stadttore und Hofeinfahrten.

Der bürokratische Wahnsinn seines Vorschlags einer Kontrolle der Abfolge der Straßenbenutzer nach Achsenlänge und die Forderung nach einem dem Verkehr angepassten Umbauten von Hofeinfahrten und Straßentoren sind nur durch den immensen Druck zu erklären, der vom rapiden Anstieg der Schwertransporte auf das vorhandene, einem landwirtschaftlicher Nutzung dienenden Wegesystem ausgeübt wurde. Es war nahe daran zu kollabieren. Viele Hindernisse standen einer Beschleunigung der Transporte im Weg, die unzureichende Breite der Wege, unbefestigte Straßen, enge Tor- und Hofeinfahrten, zu steile Straßenführung und enge Kurven. Blieb ein Wagen mit seiner schweren Ladung liegen, war das Chaos perfekt. Unter solchen Bedingungen einen frisch gegossenen Dampfzylinder mit 1 ½ Meter Durchmesser an seinen Bestimmungsort zu bringen, erforderte ähnliche logistische Vorbereitungen wie heute der Transport eines 80 Meter langen Rotorflügels für Windräder. Die beweglichen Teile von John Smeatons Newcomen-Dampfmaschine in Long Benton (Newcastle) mit 40 PS Leistung und einem Zylinderdurchmesser von 52 inches (132 cm) wogen 8,45 Tonnen.[106] Alleine der Zylinder seiner 1775 in der Chase Water Mine in Cornwall errichteten 76 PS starken Dampfmaschine mit einem Durchmesser von 72 inches (183 cm) wog rund 6 ½ Tonnen.[107] Solche Maschinen wurden nicht über weite Strecken transportiert, sondern an den Orten zusammengebaut, an denen sie gegossen worden waren. Mit der flexibel auch außerhalb von Bergwerken und Eisenhütten einsetzbaren Dampfmaschine Watts von 1782 wird sich das ändern, und sie transportieren zu können wird die Entscheidung für eine Investition mitbestimmen. Wahrscheinlich hat sich Whitworth, frustriert von den nervenaufreibenden Zuständen auf den Straßen, die de la Rochefoucauld noch zwanzig Jahre später beklagte, für den Rest seines Ingenieurslebens auf den Bau von Kanälen spezialisiert, unter anderen auf den 1789 fertiggestellten Themse–Severn-Kanal, auf dem vor allem Kohle nach London geliefert wurde. Die Wasserwege waren die wirksamste Antwort auf die schnell zunehmenden Schwertransporte über immer längere Strecken. An neuralgischen Stellen wie entlang des Severn griff der Staat ein: 1772 wurden in einem Act of Parliament die Rahmenbedingungen für die Betreiber des Treidelpfades entlang des Severn in der Umgebung von Coalbrookdale festgelegt, die sie verpflichteten, den Treidelpfad zu reparieren, zu unterhalten und zu einer Straße auszubauen. Zur Finanzierung sollten sie einen Wegezoll erheben dürfen.[108]

Eine weitere Lösung der Probleme mit Schwertransporten bot sich mit der Schiene an. Dafür gab es seit langem Vorbilder unter Tage, auf das Bergwerks- und Eisenhüttenbetreiber zurückgriffen, wenn sie entlegenere Märkte erschließen wollten. Zunächst genügten nur wenige Meilen lange Strecken, die die Bergwerke und Eisenhütten mit Anlegestellen an einem Fluss oder an einem Kanal verbanden. 1725 wurde wahrscheinlich die erste drei Meilen lange zweigleisige Überlandbahn auf Holzschienen südlich von *Newcastle-upon-Tyne* gebaut, um Kohle aus dem Bergwerk zur Verschiffung über den Tyne zu transportieren. Es war die Tanfield Railway mit Causey Arch, der mit 31 m damals längsten Einbogenbrücke. Kohlebergwerksbesitzer hatten sich in einem Fonds, den „Great Allies", zusammengeschlossen, der die 12 000 £ Investitionskosten bereitstellte – ein gemeinsames Unternehmen, das in Shropshire nachgeahmt wurde. Die Holzräder hatten an der Innenseite einen erhöhten Rand, der als Schienenführung diente. Täglich sollen die Strecke mehr als 900 Kohlewagen passiert haben, dicht an dicht wie bei einem Güterzug.[109] Solche Holzschienen bestanden aus zwei Lagen. Die obere war bei Abnutzung leicht zu ersetzen, ohne die Schiene neu verlegen zu müssen.

Auch in Shropshire gab es schon früh solche Schienenstrecken aus Holz, die Produktionsstandorte mit Anlegestellen am Severn verbanden. „Der von der *New Willey Company* 1757 gebaute Schienenweg führte von den Hütten zu einem existierenden Schienenweg, der von Rowton hinunter nach Tarbatch Dingle zum Fluss Severn führte ... Der Ausstoß der Hütten musste beträchtlich gewesen sein, da eine Spur offensichtlich nicht genug war. 1759 wurde der Company das Verlegen einer neuen Spur und eine zweigleisige Bahn bewilligt, deren Breite 10 yards nicht überschreiten sollte, Kosten 12 £ im Jahr. Die Länge betrug 2,5 Meilen.[110] Nach de la Rochefoucaulds Bericht soll sie nach Schätzung eines Arbeiters eine Länge von 12 Meilen gehabt haben. Die *Madeley Wood Ironworks* wurden mit drei verschiedenen Linien per Schiene versorgt, die zu den Kohle- und Erzminen führten.[111]

Zum ersten Mal wurden Eisenschienen in Coalbrookdale 1767 von Richard Reynolds (1735–1816) verlegt, dem Ironmaster der *Coalbrookdale Ironworks*. Bis 1785 waren es 20 Meilen.[112] Die Schienen waren mit quadratischen Holzstücken auf unterlegten hölzernen Schienen angepflockt, so dass die Räder der Förderwagen mit einem Spurkranz auf der Innenseite liefen (Abbildung 28). Die Hälfte der im ersten Jahr verlegten 17 Meilen Schienen waren aus Eisen, die andere Hälfte noch aus Eiche und Fichte.[113]

Der Zeitgenosse und Rivale Watts im Dampfmaschinenbau, Jonathan Hornblower (1753–1815), schrieb 1767 in einem Brief an ein Komitee des Parlaments, auf diesen Schienen könnten Pferde die doppelte Ladung ziehen. Ihre Einführung sei aber nicht zur Erleichterung erfolgt, son-

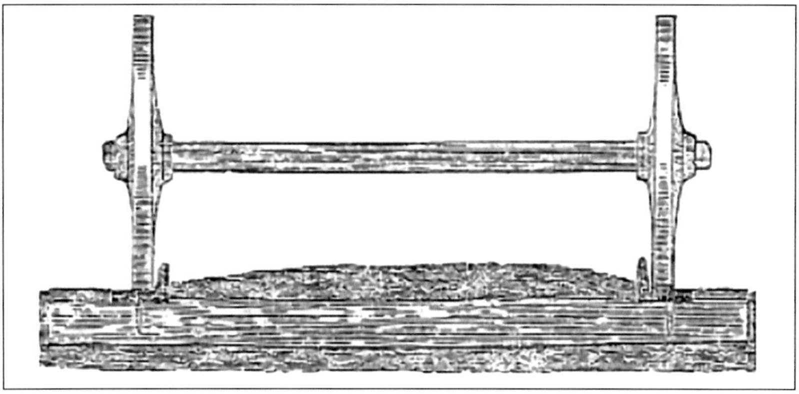

Abbildung 28: Eisenschienen Coalbrookdale. John Tatam Stanesby, Railways. In: Charles Knight (ed.), Knight's Store of Knowledge. London 1841, S. 66.

dern aus ökonomischen Gründen.[114] Die von Hornblower nicht näher ausgeführten ökonomischen Gründe waren schlicht: Der Preis für Eisen war nach dem Ende des Siebenjährigen Krieges sehr tief gefallen, und Reynolds wollte seine Öfen am Laufen halten. Er ließ kleine Eisenbalken (scantlings of iron), fünf Fuß lang und vier inches breit und eineinviertel inches dick gießen, mit drei Löchern, um sie auf die bestehenden doppelten Holzschienen zu nageln.[115] Ihre offensichtliche Überlegenheit habe jedoch schnell zu ihrer Verbreitung in den Bergwerksregionen beigetragen, so Hornblower. Reynolds war aus einer Zwangslage heraus in eine zukunftsträchtige technologische Innovation hineingestolpert und hatte die Basis für eine grenzenlose Expansion der Eisenindustrie auf die Schiene gebracht, fast 60 Jahre vor der Lokomotive Stephensons.

Die Leistungssteigerung der Zugpferde auf Schienenwegen war für viele Beobachter so verblüffend, dass sie ihre Beobachtungen festhielten. Der Botaniker und Teilnehmer an James Cooks erster Reise, Joseph Banks (1743–1820), sprach am 14. Januar 1768 in seinem Reisetagebuch von Wagen auf den hügeligen Überlandstrecken von Shropshire, die mit 2 ½ Tonnen beladen von drei Pferden, mit vier oder fünf Tonnen von fünf Pferden gezogen wurden. Das Schienennetz sei das ausgedehnteste im ganzen Königreich.[116] Ein Fünfspänner wurde von Banks als ein erwähnenswerter Fortschritt bewertet.

Der schottische Ingenieur Thomas Telford (1757–1834) sah 1800 ein weiteres Potenzial zur Einsparung von Pferden in der Konstruktion von Schienenwegen mit geringer Steigung: „Auf einem gut konstruierten Schienenweg mit einer Abschüssigkeit von 50 Fuß auf eine Meile (knapp 1 % Gefälle, H. V.), wird ein Pferd mit Leichtigkeit Wagen mit 12 bis 15 Tonnen Ladung herunterziehen und dieselben Wagen mit vier Tonnen Ladung zurückbringen können".[117] Telford wird von 1787 an als Aufseher für öffentliche Bauten in Shropshire den Bau befestigter Straßen nach einer von ihm erdachten Methode vorantreiben. Er wird 42 Brücken bauen, davon fünf aus Gusseisen. Die *Ironbridge* hielt er für „grossly over-designed for its function" und in Teilen schlecht gegossen.[118] Er verfeinerte den Gebrauch von Eisen und entwickelte leichte, elegante Strukturen mit geringerem Materialbedarf.[119] Eisenschienen, Eisenbrücken, Waggons aus Eisen, Dampfmaschinen – die energieintensive Eisenindustrie war um die Jahrhundertwende zur beherrschenden Investitionsgüterindustrie geworden und auf die Dampflokomotive vorbereitet.

Im Verlauf des 18. Jahrhunderts war, gesteuert von Bergwerksbetreibern und Hüttenbesitzern, ein integriertes Netz von Kanälen, Straßen und Schienenwegen entstanden, das die Transportkosten senkte, neue Inlandsmärkte erschloss und den Anschluss an Exporthäfen gefunden hatte. Es war die Grundlage für den kommerziellen Erfolg der britischen Eisenindustrie weltweit, nachdem die Koksverbrennung der Erze Standard und der Kohle- und Erztransport in großen Mengen bewältigt werden konnte. Schon in dieser frühen Phase der Industrialisierung war der Erfolg einer Ausweitung der Produktion abhängig von einer innovativen Transportinfrastruktur, die einem explodierenden Transportvolumen gewachsen war. Die Arbeitsleistung von Pferden war nicht mehr naturgegeben, sie wurde durch Schienenwege, geschotterte Straßen und breite Wagenräder erhöht oder durch Dampfmaschinen in Bergwerken und Hüttenbetrieben komplett ersetzt. Boote wurden an Kanäle und seine Tunnels angepasst, Höhenunterschiede mit schiefen Ebenen bewältigt, der Bau von Brücken mit Eisenkonstruktionen beschleunigt. Die Pferdestärke war zum Maß der Leistung von Maschinen und deren Wirkungsgrad zu einem wesentlichen Element betriebswirtschaftlicher Kostenrechnung geworden. Die von den Unternehmern geplanten und finanzierten Straßen-, Brücken-, und Kanalbauten orientierten sich vollkommen an ihren Interessen zur Beschleunigung der Schwertransporte.

Bei der Verwirklichung der Projekte war ein Heer von Ingenieuren ausgebildet worden, dessen Methoden auf physikalischen, mathematischen und chemischen Kenntnissen basierten. Sie hatten die Praxis des Probierens durch die Vorarbeit an Modellen, durch Materialprüfung und Berechnung ihrer Belastbarkeit abgelöst. In England wurde jedes gelungene Großprojekt gefeiert und seinen Protagonisten der Status eines Helden zuerkannt. In Shropshire waren es die Ironbridge und seine Erbauer, der Architekt Thomas Farnolls Pritchard, der sie entwarf, und der Eisenhüttenbetreiber Abraham Dary III, der sie ausführen ließ. Sie steht heute noch.

Die Illusion einer grenzenlos verfügbaren Energie ist ungebrochen

Lange hatte der Abschied von der Wasserkraft in den Eisenhütten gedauert. Immer wieder war es gelungen, ihren Schwächen Abhilfe zu verschaffen. Unterschlächtigen Wasserrädern waren Schleusen und Dämme verpasst worden, um die Durchlaufgeschwindigkeit auch bei trägem Gewässer zu erhöhen. Es waren riesige oberschlächtige Wasserräder mit einem dreifach höheren Wirkungsgrad gebaut worden, die an kleinen Wasserläufen noch ausreichend Kraft für Hochofengebläse entfalteten. Man hatte Teichanlagen errichtet, um trockene Sommer überbrücken zu können, mit Pferdegöpeln Wasser recycelt und dafür schließlich von Holzkohle befeuerte Dampfmaschinen eingesetzt, die nur dann Brennstoff verbrauchten, wenn sie als Lückenbüßer die Wasserversorgung stützen mussten. Es gab gute Gründe, an dieser preiswerten und naturnahen Form der Kraftmaschinen festzuhalten.

Die Agonie der Wasserkraft setzte mit dem Bevölkerungswachstum um die Mitte des Jahrhunderts ein. Die auf Holzkohle basierende Eisenindustrie bekam mit steigender Produktion ein Brennstoffproblem und versuchte, zunächst mit mäßigem Erfolg, Erz mit Koks zu schmelzen. Es gelang ihr erst mit völlig neuen Gebläsen, die einen gleichmäßig starken Luftstrom erzeugten. Das gelang ihr am besten mit den getakteten Hüben der Dampfmaschinen und am effektivsten mit kleinen, leistungsstarken in der Nähe der Hochöfen. Wasser war in Eisenhütten dann nur noch als eine Quelle für Dampf gefragt, und als Träger für den Transport von Kohle und Eisen.

An der Energiewende des 18. Jahrhunderts sind gut die Ausweichmanöver zu sehen, die veranstaltet wurden, um die hohen Kosten grundlegender Änderungen aufzuschieben oder ganz zu vermeiden. Erstaunlich sind nicht die verständlichen Manöver, erstaunlich ist die lange Zeit, in der sie ohne katastrophale Pleiten vonstattengingen, während sich einige Neuerer an den Investitionskosten verhoben oder am Mangel an Fachkräften verzweifelten.

Das Problem unausgebildeter Arbeitskräfte wurde nie zufriedenstellend gelöst. Schulen gab es nicht. Es blieb nichts anderes übrig, als ungelernte Arbeiter während ihres Arbeitseinsatzes. auszubilden – eine Spezialisierung durch Erfahrung, deren Wert direkt an der Höhe der gezahlten Löhne abzulesen ist. Mit diesen Arbeitern war die Umstellung auf einen komplexen Maschinenpark von Dampfmaschinen der Watt'schen Bauart und auf die Wartung von dampfmaschinengetriebenen Zylindergebläsen für die Hochöfen ein Glückspiel mit ungewissem Ausgang. Spezialisten von Boulton und Watt mussten anreisen, und das dauerte, je mehr Maschinen installiert waren. Es wäre die Stunde der „mechanics", der Mechaniker und Ingenieure gewesen, wenn es sie vor Ort gegeben hätte. Aber außer einigen großen Namen Fehlanzeige. Was gebraucht wurde, waren geschickte Mechaniker, und die gab es nur im engen Umfeld der Erfinder wie John Wilkinson einer war. Erst im letzten Jahrzehnt des 18. Jahrhunderts bereitete eine Gründungswelle von literarischen und philosophischen Gesellschaften die „mechanics institutes" des 19. Jahrhunderts vor. Eine der ersten war die „Manchester Literary and Philosophical Society" von 1781, bei deren Treffen berühmte Naturwissenschaftler ihre neuesten Arbeiten vorstellten. „Philosophical" wird in England seit den „Philosophical Transactions of the Royal Society" von 1665 mit den Naturwissenschaften und ihren Anwendungen zusammen gedacht. Philosophische Gesellschaften in England und Schottland waren keine Treffen von Schöngeistern, sondern von anwendungsorientierten Ideengebern.[120] Vorsichtige Unternehmer warteten auf bessere Zeiten mit ausgebildeten Fachleuten und ließen die Wasserräder erst einmal weiter laufen bis auch sie sich der um die Kohle zentrierte Produktionsorganisation der Eisenhütten unterwerfen mussten.

Alles stieg: der Ausstoß der Hochöfen, die Tiefe der Schächte, die Zahl der Transporte, die Länge der Straßen und Kanäle, die Zerstörung der Landschaft, der Fleischkonsum und die Brotpreise. Die naturwüchsigen Grenzen von Holzkohle und Wasser waren dahin. Mit der Kohle war ein Energieträger etabliert, der unerschöpflich schien. Das Labor von Coalbrookdale hatte alle Vorbereitungen unter günstigsten Bedingungen getroffen. Coalbrookdale und Umgebung waren mit einer Fläche von 250 km^2 so groß wie heute Frankfurt am Main. Wenn es Erfolge oder Probleme gab, wussten es in kurzer Zeit alle und reagierten. Das erklärt die schnelle Einführung der Zylindergebläse und die Zurückhaltung bei Watts Dampfmaschinen, die mit manchmal jahrelangen Zylinder- und

Rohrleitungsproblemen zu kämpfen hatten. Schienen und Kanäle verdankten ihren Siegeszug dem Zusammenschluss lokaler Bergwerks- und Eisenhüttenbetreiber, manchmal ergänzt durch auswärtige Interessenten, die einen Anschluss an die boomende Region suchten. Die im lokalen Milieu der Quäker verankerte Darby-Familie konnte mit kurzen Wegen und eingeheirateten Mitgliedern relativ problemlos Geschäftsbeziehungen einleiten und Finanzierungsmöglichkeiten eröffnen, in gegenseitigem Einvernehmen Pachtverträge tauschen und die vertikale und horizontale Integration isolierter Betriebe vorantreiben. Das war, als sich die Betriebsorganisation mit der vollständigen Umstellung auf Kohle radikal änderte, von unschätzbarem Wert. Vereinzelte Produktionsabläufe wurden aufeinander abgestimmt, ihre Kosten gesenkt und Innovationen auf ein Zusammenspiel ausgerichtet. Dafür stehen die Rohrboote (tube boats), die, ohne umgeladen werden zu müssen, über schiefe Ebenen von einem Kanal auf einen anderen oder von einem Kanal in einen Fluss verlagert werden und die Kanaltunnels passieren konnten. Dafür stehen die frühe Angleichung der Spurweite von Schienenfahrzeugen und der verbreitete Hochofenbetrieb im Stamping-und-Potting-Verfahren.

Die Energiewende zur Kohle war trotz aller Schwierigkeiten unumkehrbar. Die Entscheidung war in den 50er-Jahren mit der Verwendung von Koks in den Hochöfen der Eisenhütten und den dadurch erforderlichen hohen Investitionen in eine neue Infrastruktur gefallen. Einmal etabliert, war die nun leicht verfügbare Kohle mit konkurrenzlosen Preisen zum zentralen Energieträger geworden, der die Anordnung der Produktionsanlagen bestimmte und die Arbeit unter einem Dach konzentrierte. Das Netz der Transportwege, mit dem die Kohle eine dynamische Entwicklung befeuerte, war schon eng geknüpft, als die Dampfmaschine Watts die Bühne betrat. Die Verwendung von Eisen im Brücken- und Gleisbau konnte nun Fahrt aufnehmen. Die energetische Grundlage war geklärt, und alle richteten sich danach.

Für uns heute mitten in der Übergangsphase zu den Erneuerbaren ist interessant, wie dieser Klärungsprozess abgelaufen ist, was ihn letztlich so unwiderstehlich angetrieben hat. Kohle war ja kein neuer Brennstoff. Er war längst in vielen Gewerken im Einsatz und wurde als Heizmaterial in Wohnungen verbrannt, aber keine dieser Anwendungen hat eine mit der Eisenindustrie vergleichbare Dynamik ausgelöst. Die Eisenindustrie war vor ihrer Umstellung auf Koks fast ausschließlich Produzent von

Verbrauchsgütern, von Nägeln, Werkzeugen, Töpfen, Pfannen, Sensen, Pflügen und nur vereinzelt und an wenigen Orten von Investitionsgütern wie Zylinder für Dampfmaschinen. Sie lieferte, was die Leute in ihrer alltäglichen Arbeit als Handwerker und Bauern und im Haushalt brauchten, und hatte dafür bei einer nur allmählichen Zunahme der Bevölkerung mit Holzkohle und Wasserkraft eine ausreichende energetische Basis.

Das änderte sich um die Mitte des Jahrhunderts. Von geschätzten 6,1 Millionen 1750 stieg die Bevölkerung Englands innerhalb einer Generation auf beinahe 8 Millionen 1780 und mit ihr die Nachfrage nach Konsumgütern und der Hunger nach Energie. Die gut funktionierende Energieversorgung der Hochöfen von Coalbrookdale und die Wasserhaltung der immer tieferen Bergwerksschächte gerieten an ihre naturgegebenen Grenzen. Sie verlangten eine Leistungssteigerung, die die Wasserkraftanlagen selbst mit Unterstützung von Dampfmaschinen nicht mehr hergaben. Koks war die Rettung, und Innovationen wie die Gebläse für Hochöfen und leistungsfähigere Dampfmaschinen der Treibsatz, der den Gebrauch von Eisen im Brücken- und Schienenbau erlaubte. Eisen begann die Investitionsgüterindustrie zu erobern.

Danach war kein Halten mehr. Die um die Hälfte geringere Energieeffizienz des Kokses gegenüber der Holzkohle spielte bei konkurrenzlosen Kohlepreisen nur noch eine Nebenrolle in den Überlegungen der Eisenhüttenbetreiber. Sie konzentrierten sich auf die Beschaffung von Kohle und auf die dazu notwendige Infrastruktur. Einmal etabliert, gab es keine betriebswirtschaftlich vernünftigen Gründe, andere Energieträger vorzuziehen, die sie zu Produktionseinschränkungen gezwungen hätten oder erheblich teurer waren. Mit ihrem riesigen Energiebedarf bestimmten sie die weitere Entwicklung durch Innovationen für die mögliche Verwendung von Eisen, ersetzten Steine beim Brückenbau, Holz auf Schienenwegen, Bronze der Kanonen und schließlich Pferde durch Dampflokomotiven. Die Transportmöglichkeiten waren so strikt auf die Bedürfnisse der kapitalgebenden Berg- und Hüttenbetriebe zugeschnitten, dass Lieferketten für andere Rohstoffe als Kohle und Erz ins Hintertreffen gerieten. Die Hochöfen mussten für einen ökonomischen Betrieb auf Betriebstemperatur gehalten werden. So grob sie auch aussahen, so sensibel reagierten Hochöfen auf Unterbrechungen des Schmelzvorgangs durch Brennstoffmangel, schwächelnde Gebläse oder auf die Energiekonkurrenz von Bohrmaschinen und Hammerwerken. Da war es zwingend, auch sie mit speziell konstruierten Dampfmaschinen zu betreiben. So kam eins zum anderen.

Zu Beginn der Koksverbrennung wurde Eisenschrott recycelt, weil es anders nicht klappte. Heute wird recycelt, um Energie und Rohstoffe zu sparen. Es ist der Stahlindustrie dadurch gelungen, ihren Energiekonsum um rund 20 % zu senken, aber der für die Produktion von einer Tonne Stahl notwendige Energieeinsatz ist so hoch wie der für eine Tonne Schmiedeeisen vor 280 Jahren. Es sind durch technologische Innovationen nur ihre „spezifisch primärenergiebedingten CO_2-Emissionen" gesunken, mit denen die Stahlindustrie ihre Gesamtbilanz schönt. Denn Koks war und bleibt ein sekundärer Brennstoff, dessen Herstellung unter den Bedingungen des 18. Jahrhunderts rund die Hälfte der Energie der Kohle freisetzte, die vollständig verloren ging. Unter den heutigen Bedingungen der Kokereien, die die frei werdenden Gase weiter verwendet, beträgt der Energieverlust immer noch rund 7 %, die den CO_2-Emissionen der Stahlindustrie hinzugerechnet werden müssten.[121]

Da Koks im Hochofen nicht nur Prozesswärme liefert, sondern in einer chemischen Reaktion über das Zwischenprodukt Kohlenmonoxid das Eisenoxid zu Eisen reduziert, lässt es sich durch Wasserstoff ersetzen, der bei der Reduktion des Eisenoxids zu Wasser wird. Die sehr energieintensive elektrolytische Aufspaltung von Wasser in Wasserstoff hat aber ökologisch nur Sinn, wenn er komplett mit erneuerbarem Strom gewonnen wird. Wie bei der Einführung von Koks stehen beim Ausstieg riesige Investitionen in Infrastruktur und Lieferketten an, die diesmal so groß sind, dass sie anders als im 18. Jahrhundert, nicht mehr von einzelnen Unternehmern oder ihrem zweckgebundenen Zusammenschluss auf Zeit geschultert werden können. Und wie damals ist ein neuer Prozess ohne einen technologischen Innovationsschub nicht zu bewältigen. Und ebenso wie damals hapert es an allen Ecken und Enden an Fachpersonal.

Langfristige Folgen fürs Klima konnte bei der Einführung von Koks niemand ahnen. Heute kennen wir sie und versuchen zu retten, was zu retten ist. Wie machen wir das an unserer industriellen Basis? So wie es aussieht, mit denselben Überlegungen, die mit der Wende zu fossilen Energien seine Zerstörung eingeleitet haben. Mit derselben Illusion von grenzenlos verfügbaren Energien. Mit betriebswirtschaftlicher Kostenrechnung und Verdrängen von Folgen außerhalb des eigenen Interessenhorizonts. Mit Beschaffungsmentalität und neuen Handelswegen, deren Adern schneller verstopfen als sie eingerichtet werden können, mit neuen Bergwerken, neuer Technik und fortdauernder Naturzerstörung. Denn wie die Wende von Holzkohle zu Kohle ist auch die Wende von Gas, Öl und Kohle zu Sonne und Wind in erster Linie eine Wende hin zu anderen Rohstoffen, die wir uns auf einem Energiekonsumniveau beschaffen müssen, das im 18. Jahrhundert noch in weiter Ferne lag – koste es, was es wolle. Um Sonnenlicht einzufangen und zu speichern, brauchen wir Kobalt, Nickel, Lithium und seltene Erden, deren Gewinnung in den betroffenen Ländern schon heute desaströse soziale und ökologische Folgen hat und von denen wir nur die Kosten für Batterien wahrnehmen. Wir verwenden Raps, Weizen und Mais, um sie durch den Auspuff zu jagen oder in Biogasanlagen zu verbrennen, und entziehen riesige Flächen der Ernährung einer wachsenden Weltbevölkerung. Wir benötigen Millionen Kilometer Kupferkabel für Windräder und den Stromtransport aus vergifteten Bergwerksregionen und verspargeln die Küsten der Meere. Alles für den guten Zweck und weit entfernt von einer Kreislaufwirtschaft, in der verbrauchte Energie nicht verlorene Energie bedeutet.

Die Flächenkonkurrenz von industrieller Infrastruktur und Landwirtschaft hatte sich mit einem schnellen Anstieg der Bevölkerung schon im 18. Jahrhundert angedeutet und in einzelnen Hungerrevolten entladen. In den Industriestaaten heute verschärft der Ausbau der erneuerbaren Energien mit riesigen Solar- und Windparks und ausgedehnten Anbaugebieten für Biotreibstoffe diesen Konflikt um Flächen für die Ernährung und Flächen für die Produktion von Gütern. Sonne und Wind sollen unser Klima retten, aber es hilft Niemandem, sie romantisch zu verklären und die zum Einfangen ihrer Energie zu bauenden Anlagen nicht als das zu betrachten, was sie sind: Industrieanlagen ohne CO_2-Ausstoß nur, wenn die dafür notwendige Rohstoffbeschaffung und Infrastruktur ausgeblendet wird, und ohne Flächenfraß nur, wenn sie schon bebaute Areale nutzt. Sonst mündet die Vermeidungsstrategie zur Klimarettung in einen neuen Anlauf zu grenzenloser Energieverschwendung mit Flächenversiegelung und haltloser Ausweitung der Produktion von Gütern nach den von uns allen verinnerlichten Regeln des Kapitalmarktes.

Die Triebkräfte zur Erhöhung des Energieeinsatzes sind seit der Umstellung der Eisenhütten auf Koks bekannt. Damals folgte auf die Produktionsbeschränkung durch knappe und teure Holzkohle mit Kohle ein Brennstoff, dessen Vorkommen grenzenlos schien, wenn er dem Boden entrissen wurde. Nach und nach besetzten Bergwerks- und Hüttenbetriebe ganze Landstriche, die vorher landwirtschaftlich genutzt worden waren. Sie fraßen sich mit ihren Transportnetzen in die entlegensten Gebiete und eroberten Gegenden, die bisher ganz gut ohne Schienen und Eisenbrücken ausgekommen waren, denn mit der Ausweitung der Produktion verlängerten sich die Lieferketten für Kohle und Erz. Erste Hinweise sind in den Unterlagen der Eisenhütte von *Horsehay* zu finden: die Ausgaben zur Pflege der Schienenwege waren innerhalb von zehn Jahren gestiegen, der Preis für Kohle hatte sich leicht erhöht und das Schürfen des zur Schmelze mit Koks geeigneten Eisenerzes erfolgte an mehreren wechselnden Standorten. Verkauft wurde das in Stangen produzierte Schmiedeeisen zur Weiterverarbeitung in Stahl nach Birmingham. Unter den Bedingungen der Schmelze mit Holzkohle blieben alle diese Aktivitäten auf einen begrenzten lokalen Markt für alltägliche Gebrauchsgüter beschränkt. Mit Koks entwickelte sich ein zukunftsträchtiger Markt für Investitionsgüter, der über die rasant ausgebauten Kanal- und Straßennetze abgewickelt wurde. Zum expansiven Programm gehörte von Beginn an eine fast haltlos zu nennende Energievergeudung. Wie sollte man sonst den Ersatz von Wasserrädern mit einem hohen Wirkungsgrad durch den erbärmlichen der Dampfmaschinen und den Ersatz der doppelt so effizienten Holzkohle durch Koks bezeichnen?

Solche Übergangszeiten einer Energiewende, die die gesamte Infrastruktur einer Industriegesellschaft verändern, sind für Natur und Mensch gefährlich, weil sie den Zerstörungen und Eingriffen in die Natur erst einmal neue hinzufügen und die Anlagen der abzulösenden Energieform nicht von heute auf morgen verschwinden. In Coalbrookdale arbeiteten die Wasserkraftanlagen mit seinem in Jahrhunderten ausgebauten Teichsystem noch lange weiter, als die neue Energiebasis Kohle Fahrt aufnahm und ihr Zerstörungswerk begann.

Die Energiewende des 18. Jahrhunderts ist ein Lehrstück mit umgekehrtem Vorzeichen, habe ich eingangs formuliert. Auf das umgekehrte Vorzeichen kann man verzichten, wenn nicht die Hinwendung zur Kohle als Plus und die Aufgabe fossiler Brennstoffe als Minus, sondern die Probleme einer die industrielle Basis verändernden Energiewende generell betrachtet werden. Der lange bekannte Energieträger Kohle wurde erst in Verbindung mit den Eisenhütten zu einem unwiderstehlichen Motor, der aus einem Brennstoff unter vielen durch technologische Innovationen den einzig wirtschaftlichen zur Befeuerung eines Hochofens machte. War seine Beschaffung in großem Umfang einmal gesichert, gab es kein Halten mehr. Koks reduzierte Eisenoxid zu Eisen, mit Eisen baute man Dampfmaschinen, mit Dampfmaschinen bediente man die gesamte Industrie, die mit Eisenschienen verbunden wurde. Eine grundlegende Energiewende muss diesen „point of no return" in der energieintensiven Investitionsgüterindustrie erreichen, wenn sie in alle Bereiche der Industrie eindringen soll. Sie ist eine Wende hin zu anderen, längst bekannten Rohstoffen, die heute in sprunghaft steigenden Mengen konfliktbeladen im In- und Ausland mit teuren Anlagen und steigenden Preisen beschafft werden müssen, und sie wird wie damals von Kostenüberlegungen angetrieben oder ausgebremst.

Wo werden die Speicheranlagen gebaut werden, die die Stromversorgung aus erneuerbaren Energien absichern? Entstehen sie auf dem Gelände einer stillgelegten Raffinerie oder auf einem Acker nebenan? Werden wir wie im 18. Jahrhundert Rückhaltebecken bauen, in denen Energie gespeichert wird und ganze Bergregionen in eine Harzer Montanlandschaft mit Turbinen verwandeln, und deren Energie für die Pumpen aus Solaranlagen in den Tälern stammt, die riesige Ackerflächen bedecken? Noch halten wir für die sogenannte Grundlast an fossilen Energieträgern fest und mogeln uns an den langfristigen Auswirkungen der Speicherung von Sonnen- und Windenergie und ihrem Flächenbedarf vorbei. Die nicht intendierten Folgen eines exzessiven Gebrauchs fossiler Brennstoffe wurden lange ignoriert. Ähnliches zeichnet sich bei den Erneuerbaren ab, wenn sie nicht an eine allumfassende Kreislaufwirtschaft und einen sorgsamen Umgang mit Energie gekoppelt werden. Diese Aufgabe ist der schwierigere Teil der Veranstaltung, da sie der verinnerlichten Dynamik eines seit Jahrhunderten auf Expansion angelegten Wirtschaftens widerspricht.

Die Grenzen der möglichen Energieausbeute werden nicht von Sonne und Wind gezogen, sondern von den Rohstoffen, die wir für ihre Speicherung und ihren Transport benötigen. Die Grenzen der fossilen Energien liegen jetzt in der Atmosphäre, die von Sonne und Wind noch immer in der Erde. Es ist abzusehen, dass wir uns von der Illusion unendlich verfügbarer Energien verabschieden müssen, wenn wir mit Sonne und Wind nicht an ihre irdischen Grenzen stoßen wollen, bevor die Energiewende vollzogen ist. Das ist der große Unterschied zur Wende im 18. Jahrhundert. Riesige Kohlevorräte trafen auf eine im Gleichschritt mit ihrer Energiebasis expandierende Industrie, während es sich heute um eine nachholende Versorgung mit knappen Rohstoffen für eine ganze Kette von schon auf vollen Touren laufenden energieintensiven Produktionen handelt. Die Zwänge, die auf die Industrie zukommen, sind enorm. Sie wird sich Lithium zum Beispiel aus eintausend Meter Tiefenbohrung und mit Hilfe von Anlagen beschaffen, die auch noch das letzte Milligramm aus geothermischen Bohrlöchern abscheiden werden. Sie recycelt schon jetzt Batterien und Akkus in einem Prozess, der höhere Temperaturen erfordert als die Eisenschmelze. Das Recyceln lohnt sich vor allem für das flüchtige Lithium nicht. Noch ist Recyceln aus Speichermedien teurer als die Rohstoffe, die zurückgewonnen werden.

Die Industrie wird sich die verlangten Rohstoffe in einem weltweiten Konkurrenzkampf sichern müssen, während man die Kohle zu Beginn der Industrialisierung vor der Haustüre fördern konnte. Es geht also um Infrastrukturprojekte ganz anderer Größenordnung und Reichweite als vor 300 Jahren. Kurze Wege zu den Rohstoffen und kurze Entscheidungswege ohne staatliche Eingriffe wie beim Darby-Clan gibt es heute nicht mehr. Die Interessen hinter Atom und Gas bremsen schon aufgrund ihrer gebundenen Kapitalien zügige Veränderungen aus. Wasserräder gehörten den Betrieben und konnten daher nach der Klärung der technologischen Voraussetzungen für die Verwendung von Koks vom Betreiber einfach aufgegeben werden. Eine schlichte betriebswirtschaftliche Kostenrechnung wie die von *Horsehay* reicht bei einem ausgedehnten Netz von energetischen Abhängigkeiten nicht mehr, um ihre Risiken zu beherrschen. Eine sichere Energieversorgung durch Erneuerbare ist zur gesellschaftlichen Aufgabe geworden.

Anmerkungen

Ich habe mich für die Zahlenangaben über die Eisenhütten der Region um Coalbrookdale vor allem auf die detailgenauen Untersuchungen von Barrie Trinder und von R. A. Mott von der Newcomen Society gestützt, die Originalquellen und betriebliche Rechnungslegungen ausgewertet haben.

1 Norman Scarfe, Innocent Espionage. The la Rochefoucauld Brothers' Tour of England in 1785. Woodbridge 1995. S. 92-106. Übersetzung aus dem Englischen H. V. ohne Kenntnis des französischen Originals. Scarfe konnte die Manuskripte der Journale der Reise, die in der Nationalbibliothek von Paris aufbewahrt werden, transkribieren und übersetzen. Eine französische Version ist meines Wissens nie gedruckt worden.
2 Wahrscheinlich ist ein englischer shilling gemeint, der zwei französischen sou entspricht. Beide Bezeichnungen gehen auf den römischen solidus zurück.
3 1 foot = 30,48 cm = 12 inches, 1 inch = 2,54 cm.
4 Die Gebrüder Périer modernisierten die Pariser Wasserversorgung mit Rohren aus England und bauten mit Hilfe von Boulton und Watt die erste Dampfmaschinenfabrik in Frankreich.
5 Oberschlächtige Wasserräder.
6 Unterschlächtige Wasserräder.
7 Es war Hämatit, Eisenoxid, das keine Vorbehandlung benötigte wie das in Coalbrookdale und Umgebung üblicherweise geförderte Eisenkarbonat.
8 Klumpen.
9 ca. 0,4 Hektar.
10 flywheel, für die Balancierstange.
11 lantern-wheel.
12 Paul Belford, Sublime Cascades: Water and Power in Coalbrookdale. Industrial Archeology Review XXXIX: 2, 2007.
13 Roger Osborne, Iron, Steam & Money: The Making of the Industrial Revolution. London 2013, S. 241.
14 John H.Munro, Industrial energy from water-mills in the European economy, 5th to 18th centuries: the limitations of power. Departement of Economics, University of Toronto. April 2002, S. 230.
15 Munro, a. a. O., S. 232.
16 Munro, a. a. O., S. 233.

17 John Smeaton, An experimental Enquiry concerning the natural Powers of Water and Wind to turn Mills, and other Machines, depending on a circular Motion. Philosophical Transactions of the Royal Society of London 1759, Vol. LI, S. 100.
18 Smeaton,, a. a. O., S. 106. Übersetzung H. V.
19 Smeaton, a. a. O., S. 137.
20 Smeaton, a. a. O., S. 130.
21 Smeaton, a. a. O., S. 132.
22 Paul N. Wilson, The Waterwheels of John Smeaton. Transactions of the Newcomen Society, 30:1, S. 131. DOI:101179/tns.1955.003.
23 Leonhard Euler, Maximes pour arranger les plus aventageusement les machines destinées à élever de l'eau par le moyen des pompes. Mémoires de l'académie des sciences de Berlin 1754, Volume 8, pp. 185-232. S. 114 bei Euler. Smeaton, a. a. O., S. 192
24 Reports of the late John Smeaton, F.R.S. made on various occasions, in the course of his employment as a civil engineer. Vol.I, second edition. London 1837, S. 244.
25 Smeaton, a. a. O., S. 244.
26 Smeaton a. a.O., S. 247.
27 Smeaton, a. a. O. , ab S. 256.
28 Smeaton, a. a. O., S. 259.
29 Richard Hayman, The Shropshire wrought- iron industry c1600-1900. A study of technological change. Thesis University of Birmingham 2003. PDF online, S. 20.
30 Thomas Newcomen and the Steam Engine (This article was initially written by Robert Woods, ASME Fellow. This article contains material published in Mechanical Engineering Magazine Dec. 2003. Copyright 2003 American Society of Mechanical Engineers.
31 Thurston, a. a. O., S. 61.
32 Richard Kirby et al. (1956). Engineering in History, S. 171. New York 1990
33 Thurston, a. a. O., S. 73.
34 Thurston, a. a. O., S. 73.
35 Burstall, Aubrey F. (1963) A History of Mechanical Engineering, Faber & Faber: London Buxton, S. 279.
36 Watt to Dr William Small, 28 May 1769 / Watt's patent specification of 12 March 1782. In: Robert Fox, Watt's expansive principle in the work of Sadi Carnot and Nicolas Clément. The Royal Society Journal of History of Science. 30 April 1970, Volume 24, Issue 2
37 Arthur Stowers, The Development of the Atmospheric Steam Engine after Newcomen's Death in 1729. Transactions of the Newcomen Society, 35:1, S. 87-96, DOI: 10.1179/tns. 1962.005.

38 Thurston, a. a. O., S. 64.
39 Trinder S., a. a. O., S. 163.
40 R. A. Mott, The Coalbrookdale Group Horsehay Works Part I. Transactions of the Newcomen Society 31:1, 1957, S. 276.
41 Trinder, a. a. O., S. 163.
42 Watt to Boulton 13. Dezember 1782. Aus: Robert Henry Thurston, A History of the Groth of the Steam Engine. Ohne Seitenabgabe. E-Book / Robert Henry Thurston, Die Dampfmaschine. Geschichte ihrer Entwicklung. Leipzig 1880, 1. Teil, S. 119.
43 Mark Csele, The Newcomen Steam Engine. Online 12.7.2022. Darin enthalten sind nicht die Kosten für ihren Aufbau, die ein Vielfaches der Maschinenkosten betragen konnten.
44 Trinder, a. a. O., S. 168.
45 Thomas Southcliffe Ashton, Iron and Steel in the Industrial Revolution, Manchester 1924, S. 7.
46 John Farey, A Treatise on the Steam Engine, historical, practical, and Descriptive. London 1827, S. 330 f.
47 Barrie Trinder, The Industrial Revolution in Shropshire. London and Chichester 1973, S. 161.
48 Trinder, a. a. O., S. 157-158.
49 Trinder, a. a. O., S. 164.
50 R. A. Mott, The Coalbrookdale Group Horsehay Works Part I. Transactions of the Newcomen Society 31:1, 1957, S. 274.
51 Mott, a. a. O. S. 275.
52 Laurence Ince, Water power and cylinder blowing in early South Wales coke ironworks. JHMS 23/2 1989, S. 109, PDF online (Journal of the Historical Metallurgy Society).
53 Mott, a. a. O., S. 282.
54 Frank Dawson, John Wilkinson: King of the Ironmasters. The History Press 2011.
55 Ralph Pee and Maurice Hawes, John Wilkinson and the Two Willey Ironworks. Journal No.16, 1988 online. Broseley Local History Society.
56 Trinder, a. a. O., S. 162.
57 Paul Naegel, Marchand de la Houlière et la création de fonderie des canons d'Indret (1775-1778). Open Edition Journals 2008, S. 62.
58 Ralph Pee, a. a. O.
59 Carl Hartmann, Conversations-Lexikon der Berg-, Hütten- und Salzwerkkunde und ihrer Hülfswissenschaften. Zweiter Band. Stuttgart 1840, S. 460.
60 William Lewis, Von dem Durchzuge der Luft in den Oefen, welcher durch den Fall des Wassers erhalten wird. In: Der Zusammenhang der Künste philosophisch-practisch abgehandelt : ein Versuch für die Be-

förderung der Künste, Gewerbe und Manufacturen... / Herrn Willhelm Lewis, M.B. und der Königl. Gesellschaft in Londen Mitglieds ; aus dem Englischen übersetzt, und mit einigen Zusätzen herausgegeben von Johann Heinrich Ziegler. Zürich 1764 (die engl. Ausgabe: William Lewis, Commercium Philosophico-Technicum, London, 1763). Erster Teil, erster Band, fünftes Stück, S. 473.

61 Manuskript vor 1765. The British Museum Egerton MS. 141. Zitiert nach F.W.Gibbs, William Lewis, M.B., F.R.S. (1708-1781). Annals of Science Vol.8, No.2. Online 2.6.2006. S. 145.

62 Nuno Luis Madureira, The iron industry energy transition. Elsevir Lisbon 2012. PDF Online.

63 Richard Hayman, The Shropshire wrought- iron industry c1600-1900. A study of technological change. Thesis University of Birmingham 2003. PDF online, S. 20.

64 J. R. Harris, The British Iron Industry 1700 - 1850. The Economic History Society 1988, S. 25.

65 Judith Alfrey, Catherine Clark, The Landscape of Industry: Patterns of Change in the Ironbridge Gorge. London 1993 - 2005, S. 41.

66 Richard Hayman, The Carnage brothers and eighteenth-century forge technology. Historical Metallurgy 38 (2) 2004, S. 113-115.

67 J.R. Harris,, a. a. O., S. 20.

68 Trinder, a. a. O. S. 50.

69 Judith Alfrey, Catherine Clark, a. a. O., S. 48 f.

70 J. R. Harris,, a. a. O., S. 26.

71 Brown, Ivor J. 1979. The Coalbrookdale Coalfield, Shropshire - Mineral working and land reclamation. British Mining No. 11, NMRS, S. 11-22.

72 William Purton, On the Geology of Coalbrookdale. The Geological and Natural History Repertory: An Illustrated Popular Weekly Magazine of *Geology*, Palaeontology, Mineralogy, Natural-history, Terrestrial and Cosmical Physics. London 1865, S. 155-157.

73 Judith Alfrey, Catherine Clark,, a. a. O., S. 41-46.

74 Nuno Luis Madureira,, a. a. O.

75 Nuno Luis Madureira,, a. a. O.

76 Zahlen zur Produktion liefert Charles K. Hyde, Technological Change and the British Iron Industry 1700 - 1870. Princeton 1977, S. 223 f.

77 R. A. Mott, The Coalbrookdale Group Horsehay Works. Transactions of the Newcomen Society 31:1, Part I, 1957, S. 271

78 Mott, a. a. O., S. 281.

79 Die Angaben in shilling und pence wurden von mir auf pence umgerechnet, um sofort vergleichen zu können

80 Schüttgewichte in t/m^3: Kohle 0,8 t, Eisenerz 1,6 bis 3,2 t, Holzkohle 0,2 bis 0,4 t. LRT, Tharandter Baumaschinen Service

81 R. A. Mott, a.a.O., S. 281, eigene Überschlagsrechnung. Stack ist ursprünglich ein Volumenmaß für Holz, das Mott in Tonnen Kohle umgerechnet hat.

82 Trinder, a.a.O., S. 311.

83 Trinder, a.a.O., S. 36.

84 Trinder, a.a.O., S. 376.

85 William Farr, The Influence of Scarcities and High Prices of Wheat on the Mortality of the People of England. Journal of the Statistical Society of London. Jun. 1846, Vol. 9, No. 2, S. 165 / W.G. Hoskins, Harvest Fluctuations and English Economic History 1620 - 1759. The Agricultural History Review Vol. 16, No. 1 (1968), S. 23-25.

86 Stephen Broadberry et al., British Economic Growth, 1300-1850: Some Preliminary Estimates. 2009. PDF. S. 30-36.

87 Arthur Young, Le Cultivateur Anglois, ou Oeuvres Choisies d‘ Agriculture et d‘ Économie Rurale et Politique. Tome premier. Paris 1800, S. 308-314.

88 Das Raummaß cord entspricht ungefähr dem deutschen Holzklafter. 1 cord sind 128 Kubikfuß oder 3,82 m^3.

89 Mott, a.a.O., S. 283.

90 Trinder, a.a.O., S. 35.

91 Produktionszahlen nach Mott, a.a.O., S. 280. Profitabschätzung H.V.

92 Trinder, a.a.O., S.198.

93 Trinder, a.a.O., S. 48 / A P Baggs, D C Cox, Jessie McFall, P A Stamper and A J L Winchester, ‚Madeley: Economic history‘, in *A History of the County of Shropshire: Volume 11, Telford*, ed. G C Baugh and C R Elrington (London, 1985), pp. 35-56. *British History Online* http://www.british-history.ac.uk/vch/salop/vol11/pp40-56 [accessed 12 July 2022].

94 Barrie Trinder, The Darbys of Coalbrookdale. Iron Bridge Museum Trust 1991, S. 30, 31.

95 Für die Arbeitsleitung des Pferdes siehe: Dingler, Polytechnisches Journal. Stuttgart und Tübingen 1847. Band 105, S. 153 und Wikipedia „Göpel“. Zitiert dazu: H. Schellen: Die Schule der Elementar-Mechanik und Maschinenlehre. Erster Theil, Druck und Verlag von Friedrich Vieweg und Sohn, Braunschweig 1862. Johs. Olshausen: Geschwindigkeiten in der organischen und anorganischen Welt. Beobachtet bez. gesammelt und berechnet und verbunden durch erläuternden Text, Verlag von Boysen & Maasch, Hamburg 1903, S. 9, 11, 58.

96 David Gwyn and Neil Cossons, Early Railways in England. 2017 PDF online, S. 29

97 Trinder, a.a.O., S. 148.

98 Trinder, a.a.O., S. 144.

99 Barrie Trinder, The Darbys of Coalbrookdale. Chichester 1991, S. 30-31.
100 Irina Gouzévitch, Les voyages en France et en Angleterre et la naissance d'un expert techniques: le cas d'Augustin Betancourt (1754-1824. Documens pour l'histoire des technique. Juin 2010 en ligne.
101 Trinder, The Industrial Revolution in Shropshire, a.a.O., S. 124.
102 Trinder, a.a.O., S. 107.
103 Broad Wheels: „By an act passed last session of Parliament, after the 29th of September, 1761, no cart, car, dray, or waggon having the wheels of a less breadth when worn than three inches shall go or be used through or upon any of the high-ways of this kingdom". London (?) 1762. [publisher not identified] Eighteenth century collections online.
104 Anonymos, An Essay on the Present State of Our Publick Roads: Shewing the Absolute Necessity of a total Prohibition of the Use of Narrow Wheels ... London 1756, S. 13. Übersetzung H.V.
105 Robert Whitworth, A scheme for the improvement of the broad wheels. London 1767.
106 Farey, a.a.O., S. 175.
107 Farey, a.a.O. , S. 204.
108 Joseph Priestley, Historical Account of the Navigable Rivers, Canals, and Railways, of Great Britain. London 1831, S. 563
109 National Transport Trust, Causey Arch.
110 Ralph Pee and Maurice Hawes, John Wilkinson and the Two Willey Ironworks. Broseley Local History Society, Journal No.16, 1988. Online.
111 Trinder, a.a.O., S. 122.
112 Trinder, a.a.O., S. 123.
113 R. A. Mott, The Coalbrookdale Group Horsehay Works Part I. Transactions of the Newcomen Society 31:1, 1957, S. 284.
114 William Edward Dickson, Railways and Locomotion. London 1854, S. 7.
115 John Tatam Stanesby, Railways. In Charles Knight (ed.), Knight's Store of Knowledge, London 1841, S. 65.
116 Joseph Banks, Reisetagebuch nach Wales und angrenzende Gebiete. Zitiert nach D. Gordon Tucker, The Coalbrookdale Railway 1767-68. Journal of the Railway and Canal Historical Society, 27, November 1981, pp. 2-6.
117 Trinder, a.a.O., S. 124.
118 Wikipedia Thomas Telford.
119 West Midland History, A Portrait of Thomas Telford: Civil Engineer. Online.

120 „Philosophical robbers“ nannte man Ende des 18. Jahrhunderts die zahlreichen ausländischen Spione, die in englischen, schottischen und walisischen Berg- und Hüttenbetrieben Ideenklau betrieben. John Theophilus *Desaguliers veröffentlichte 1744* „A course of experimental philosophy“ und John Robison sprach 1822 von einem „System of Mechanical Philosophy“, das er in vier Bänden ausbreitete.

121 Stahlinstitut VDEh, *http://effizienz-mit-stahl.de/Agora Energiewende 2019 online.*

Der Autor

Helmut Veil, geb. 1943, war Allgemeinarzt in Frankfurt am Main und beschäftigt sich seit Jahrzehnten mit der Geschichte der Naturwissenschaften. Er untersucht die kulturellen und ideellen Voraussetzungen epochaler Gärungsprozesse der Naturerkenntnis, in denen sich festgefügte Erklärungsmuster zersetzen und neue noch nicht etabliert haben.

Bisher erschienen

Künstler, Kriege und Kanonen. Eine kulturhistorische Analyse von Dürers „Landschaft mit Kanone" · 2021 · ISBN 978-3-941743-89-2 · 50 Seiten · PDF · Open Access

Der Wald und seine Plünderer. Forstwissenschaften und Klimaturbulenzen im 19. Jahrhundert · 2020 · ISBN 978-3-941743-87-8 · Broschur · 212 Seiten · 136 Abbildungen, davon 64 vierfarbig · 32,00 Euro · E-Book (PDF) 20,00 Euro

Cholera. Ein Debakel der Wissenschaft und Politik im 19. Jahrhundert · 2019 · ISBN 978-3-941743-81-6 · Broschur · 120 Seiten · 20 Abbildungen, davon drei farbig · 18,00 Euro · E-Book (PDF) 12,00 Euro

Elektrisches Feuer 1746. Ein bizarrer Streit um Wissenschaft und Öffentlichkeit in Leipzig · 2019 · ISBN 978-3-941743-77-9 · Broschur · 136 Seiten · 14 Abbildungen, davon acht farbig · 18,00 Euro · E-Book (PDF) 13,00 Euro

Eis und Feuer. Geologie wird Wissenschaft inmitten der Kriege Napoleons · 2017 · ISBN 978-3-941743-73-1 · Broschur · 168 Seiten · 34 Abbildungen, davon acht farbig · 24,80 Euro · E-Book (PDF) 16,80 Euro

Totenkopf und Schwefelblüte. Die Spur der Schwefelsäure in der Chemie des Handwerks 1500 bis 1800 · 2016 · ISBN 978-3-941743-63-2 · Broschur · 136 Seiten, 34 Abbildungen, davon 16 farbig · 24,80 Euro · E-Book (PDF) 16,80 Euro

Praktiker neuzeitlicher Wissenschaften im Mittelalter. Navigatoren, Rechenmeister, Ärzte, Falkner, Künstler · 2015 · ISBN 978-3-941743-51-9 · Broschur · 132 Seiten, 37 Abbildungen · 24,80 Euro · E-Book (PDF) 16,80 Euro

Aeronautiker zwischen Ballon und Vogelflug. Szenen aus der Kulturgeschichte des Fliegens · 2014 · ISBN 978-3-941743-41-0 · Hardcover · 156 Seiten · 43 Abbildungen · 24,80 Euro · E-Book (PDF) 16,80 Euro

Mitten im Umsturz Europas. Der Geologe und Revolutionär Faujas de Saint-Fond (1741 bis 1819) · 2012 · ISBN 978-3-941743-27-4 · Broschur · 244 Seiten · 25 Abbildungen · 24,80 Euro · E-Book (PDF) 16,80 Euro

Geistesblitz und kühne Vermutung. Eine historische Studie zur Spekulation in den Naturwissenschaften – Ptolemäus, Cusanus, Fracastorius, Stahl, Yukawa · 2010 · ISBN 978-3-941743-08-3 · Broschur · 120 Seiten, 18 Abbildungen · 19,80 Euro · E-Book (PDF) 13,80 Euro

Von der Meteorologie der Sphären zum irdischen Vakuum. Wissenschaft und Religion im Barock. Ein intellektuelles Milieu – wiederbelebt aus Erasmus Franciscis Diskurs über die Luft · 2009 · ISBN 978-3-934157-99-6 · Hardcover · 384 Seiten · 51 Abbildungen · 42,00 Euro · E-Book (PDF) 28,80 Euro